2026년 적용

건설공사 표준품셈 개정사항

국토교통부 · 한국건설기술연구원

Jinhan M&B

【개정목차】

공통부문

토목부문

건축부문

기계설비부문

유지관리부문

- [공통] 제1장 적용기준 -

<table>
<tr><th>구분</th><th>현 행</th><th>개 정(안)</th><th>비고</th></tr>
<tr><td>- 보완</td><td></td><td>1-4-6 작업제한
2. 폭염시 휴게시간 할증
<table><tr><th>구분</th><th>적용조건</th><th>할증</th></tr><tr><td rowspan="4">체감온도 33도 이상</td><td>2시간 이상일 경우 작업시</td><td>5%</td></tr><tr><td>4시간 〃</td><td>10%</td></tr><tr><td>6시간 〃</td><td>15%</td></tr><tr><td>8시간 〃</td><td>20%</td></tr></table>[주] ① 산업안전보건기준에 관한 규칙에 따른 휴식시간을 부여할 경우를 적용한다.</td><td></td></tr>
<tr><td>- 적정검토</td><td>1-5-3 산업재해보상 보험료 및 기타
2. 시공과정에서 필요로 하는 보상비(직접, 간접 및 일시보상 등)는 현장실정에 따라 별도 계상할 수 있다.</td><td>1-5-3 산업재해보상 보험료 및 기타
2. 시공과정에서 필요로 하는 보상비(직접, 간접 및 일시보상 등)는 현장실정에 따라 별도 계상한다.</td><td></td></tr>
<tr><td>- 적정검토</td><td>1-5-7 현장시공상세도면의 작성
1. 공사의 시공을 위하여 시공상세도면(입체도면 포함)을 작성하는 경우에는 이에 필요한 인건비, 소모품비 등 소요비용을 별도 계상하며, 엔지니어링진흥법 제31조제2항에 따른 「엔지니어링사업대가의 기준」을 적용할 수 있다.</td><td>1-5-7 현장시공상세도면의 작성
1. 공사의 시공을 위하여 시공상세도면(입체도면 포함)을 작성하는 경우에는 이에 필요한 인건비, 소모품비 등 소요비용을 별도 계상하며, 엔지니어링진흥법 제31조제2항에 따른 「엔지니어링사업대가의 기준」을 적용한다.</td><td></td></tr>
<tr><td>- 적정검토</td><td>1-5-10 표준품셈 보완실사
품을 신설 또는 개정하기 위하여 항목을 배정받은 실시기관에서는 대상공사에 대하여 실사에 소요되는 조사자의 인건비, 소모품비 등 소요비용을 설계에 반영할 수 있다.</td><td>1-5-10 표준품셈 보완실사
품을 신설 또는 개정하기 위하여 항목을 배정받은 실시기관에서는 대상공사에 대하여 실사에 소요되는 조사자의 인건비, 소모품비 등 소요비용을 설계에 반영한다.</td><td></td></tr>
</table>

– [공통] 제2장 가설공사 –

구분	현 행	개 정(안)	비고
- 보완	(아래 현행 참조)	(아래 개정(안) 참조)	

현 행

2-2 손율

2-2-2 주요자재('22년 보완)

구 분 \ 사용기간별	3개월 (%)	6개월 (%)	1개년 (%)	1개년초과 평균손율 (%)
철 물	30	45	60	80
창 호	30	40	60	80
흄 관	80	100	100	100
강 재 류	15	30	50	75

[주] ① 철물 및 강재류의 경우 다음 사항을 고려한다.
㉮ 재료의 길이가 2m 이하인 것은 1회 사용 후 손율은 100%로 계상한다.
㉯ 강재(강널말뚝, 강관파일, H파일, 복공판 등)는 토류벽과 가교 등의 재료로 사용할 때의 기준이다.
② 강재의 손료 산정방법은 다음과 같다.
㉮ 강재를 절단하지 않고 사용하는 경우
손 료 = 강재수량×(1+재료의 할증률)×신재단가×손율
㉯ 강재를 절단하여 사용하는 경우(할증량이 스크랩으로 발생되는 경우)
손 료 = 강재수량×신재단가×손율+할증량×신재단가−할증량×공제율×고재단가

개 정(안)

2-2 손율

2-2-2 주요자재

구 분 \ 사용기간별	3개월 (%)	6개월 (%)	1개년 (%)	2개년 (%)	2개년초과 평균손율 (%)
철 물	30	45	60	80	85
창 호	30	40	60	80	100
흄 관	80	100	100	100	100
강 재 류	15	30	50	75	85

[주] ① 철물 및 강재류의 경우 다음 사항을 고려한다.
㉮ 재료의 길이가 2m 이하인 것은 1회 사용 후 손율은 100%로 계상한다.
㉯ 강재(강널말뚝, 강관파일, H파일, 복공판 등)는 토류벽과 가교 등의 재료로 사용할 때의 기준이다.
② 강재의 손료 산정방법은 다음과 같다.
㉮ 강재를 절단하지 않고 사용하는 경우
손 료 = 강재수량×(1+재료의 할증률)×신재단가×손율
㉯ 강재를 절단하여 사용하는 경우(할증량이 스크랩으로 발생되는 경우)
손 료 = 강재수량×신재단가×손율+할증량×신재단가−할증량×공제율×고재단가

구분	현 행	개 정(안)	비고
- 보완	2-2-4 구조물 동바리('22년 보완)	2-2-4 구조물 동바리	

현행: 2-2-4 구조물 동바리('22년 보완)

구 분 \ 기 간	1개월	3개월	6개월	12개월
손율(%)	4	6	10	19

[주] 강관 동바리, 시스템 동바리, 알루미늄 폼 동바리 등에 적용한다.

개정(안): 2-2-4 구조물 동바리

구 분 \ 기 간	1개월	3개월	6개월	12개월
손율(%)	4	7	11	21

[주] 강관 동바리, 시스템 동바리, 알루미늄 폼 동바리 등에 적용한다.

구분	현 행	개 정(안)	비고
- 보완	2-2-5 구조물 비계('22년 보완)	2-2-5 구조물 비계	

현행: 2-2-5 구조물 비계('22년 보완)

공 기 \ 재 료	손 율			
	강관, 비계기본틀, 비계장선틀, 가새	받침철물 조절받침철물 비계안전발판	조 임 철 물 이 음 철 물	철물(앵커용)
3개월	6%	9%	12%	100%
6 〃	10 〃	15 〃	20 〃	100 〃
12 〃	19 〃	29 〃	38 〃	100 〃
18 〃	28 〃	42 〃	56 〃	100 〃
24 〃	37 〃	56 〃	74 〃	100 〃
30 〃	46 〃	69 〃	92 〃	100 〃
36 〃	55 〃	83 〃	100 〃	100 〃
42 〃	64 〃	96 〃	100 〃	100 〃
48 〃	73 〃	100 〃	100 〃	100 〃
54 〃	84 〃	100 〃	100 〃	100 〃
60 〃	91 〃	100 〃	100 〃	100 〃
66 〃	100 〃	100 〃	100 〃	100 〃

[주] ① 강재비계 내구년한 5.5년을 기준한 것이다.
② 비계매기용 강관, 강관틀, 받침철물, 조임철물, 이음철물을 활용하는 일반적인 비계 매기 기준이다.

개정(안): 2-2-5 구조물 비계

공 기 \ 재 료	손 율			
	강관, 비계기본틀, 비계장선틀, 가새	받침철물 조절받침철물 비계안전발판	조 임 철 물 이 음 철 물	철물(앵커용)
3개월	7 〃	현행과 동일		
6 〃	11 〃			
12 〃	21 〃			
18 〃	28 〃			
24 〃	37 〃			
30 〃	46 〃			
36 〃	55 〃			
42 〃	64 〃			
48 〃	73 〃			
54 〃	84 〃			
60 〃	91 〃			
66 〃	100 〃			

[주] ① 강재비계 내구년한 5.5년을 기준한 것이다.
② 비계매기용 강관, 강관틀, 받침철물, 조임철물, 이음철물을 활용하는 일반적인 비계 매기 기준이다.

구분	현 행	개 정(안)	비고

구분: – 보완

현 행

2-4 가설울타리 및 가설방음벽('09, '10, '17년 보완)

2-4-1 강관 지주 설치 및 해체

(10m당)

구 분	규 격	단 위	지주높이 3.5m이하		지주높이 6m이하	
			설 치	해 체	설 치	해 체
비 계 공		인	0.30	0.12	0.46	0.18
보 통 인 부		인	0.11	0.04	0.16	0.06
굴 착 기	0.2㎥	hr	0.35	0.14	0.35	0.14

[주] ① 본 품은 강관을 사용한 지주(지주간격 2.0m)의 설치 및 해체 작업 기준이다.
② 본 품은 지반평탄작업, 강관매입, 보조기둥 설치 및 해체 작업을 포함한다.
③ 콘크리트 기초, 출입구문, 방진망 작업은 별도 계상한다.
④ 공구손료 및 경장비(전동드릴 등)의 기계경비는 인력품의 3%로 계상한다.
~~⑤ 재료량은 설계수량을 적용한다.~~

개 정(안)

2-4 가설울타리 및 가설방음벽

2-4-1 강관 지주 설치 및 해체

(일당)

구 분	규 격	단 위	수량	시공량(m)			
				지주높이 4m이하		지주높이 7m이하	
				설 치	해 체	설 치	해 체
비 계 공		인	3	100	250	70	180
보 통 인 부		인	1				
굴 착 기	0.2㎥	대	0.5				

[주] ① 본 품은 강관을 사용한 지주(지주간격 2.0m)의 설치 및 해체 작업 기준이다.
② 본 품은 지반평탄작업, 강관매입, 보조기둥 설치 및 해체 작업을 포함한다.
③ 콘크리트 기초, 출입구문, 방진망 작업은 별도 계상한다.
④ 공구손료 및 경장비(전동드릴 등)의 기계경비는 인력품의 3%로 계상한다.

구분: – 보완

현 행

2-4-2 H형강 지주 설치 및 해체

(10m당)

구 분	규 격	단 위	지주높이 4m이하		지주높이 7m이하	
			설 치	해 체	설 치	해 체
비 계 공		인	0.49	0.20	0.99	0.40
보 통 인 부		인	0.18	0.07	0.35	0.14
굴 착 기	0.2㎥	hr	0.63	0.25	0.63	0.25
트럭탑재형크레인	5ton	hr	0.73	0.29	1.09	0.44

[주] ① 본 품은 H형강을 사용한 지주(지주간격 2.0m)의 설치 및 해체 작업 기준이다.
② 본 품은 지반평탄작업, 강관매입, H형강 근입 및 해체 작업을 포함하며, H형강 설치를 위한 천공 작업은 제외되어 있다.
③ 콘크리트 기초, 출입구문, 방진망 작업은 별도 계상한다.
④ 공구손료 및 경장비(전동드릴 등)의 기계경비는 인력품의 2%로 계상한다.

개 정(안)

2-4-2 H형강 지주 설치 및 해체

(일당)

구 분	규 격	단 위	수량	시공량(m)					
				지주높이 4m이하		지주높이 7m이하		지주높이 11m이하	
				설 치	해 체	설 치	해 체	설 치	해 체
비 계 공		인	3	70	170	40	100	25	65
보 통 인 부		인	1						
굴 착 기	0.2㎥	대	0.5						
크 레 인	-	대	1						

[주] ① 본 품은 H형강을 사용한 지주(지주간격 2.0m)의 설치 및 해체 작업 기준이다.
② 본 품은 지반평탄작업, 강관매입, H형강 근입 및 해체 작업을 포함한다.
③ H형강 설치를 위한 천공 작업은 제외되어 있다.
④ 콘크리트 기초, 출입구문, 방진망 작업은 별도 계상한다.
⑤ 공구손료 및 경장비(전동드릴 등)의 기계경비는 인력품의 2%로 계상한다.
⑥ 현장여건에 따라 고소작업차가 필요할 경우 기계경비는 별도 계상한다.
⑦ 장비(크레인)의 규격은 작업여건(시공높이, 시공위치 등) 및 안전율(적정하중, 작업반경 등)을 고려하여 적합한 규격을 적용한다.

구분	현 행	개 정(안)	비고

- 보완

현 행

2-4-3 가설울타리판 설치 및 해체

(10m당)

구 분	단 위	설치높이 3m이하		설치높이 6m이하	
		설 치	해 체	설 치	해 체
비 계 공	인	0.26	0.10	0.30	0.12
보 통 인 부	인	0.09	0.04	0.11	0.05

[주] ① 본 품은 후크볼트를 사용한 전기아연도금강판(EGI휀스, ~~폭 550㎜이하~~) 설치 및 해체 작업 기준이다.
② 문양이나 도색 등이 필요한 경우에 별도 계상한다.
③ 공구손료 및 경장비(전동드릴 등)의 기계경비는 인력품의 3%로 계상한다.

개 정(안)

2-4-3 가설울타리판 설치 및 해체

(일당)

구 분	단 위	수량	시공량(m)			
			설치높이 3m이하		설치높이 6m이하	
			설 치	해 체	설 치	해 체
비 계 공	인	3	110	280	95	230
보 통 인 부	인	1				

[주] ① 본 품은 후크볼트를 사용한 전기아연도금강판(EGI휀스) 설치 및 해체 작업 기준이다.
② 문양이나 도색 등이 필요한 경우에 별도 계상한다.
③ 공구손료 및 경장비(전동드릴 등)의 기계경비는 인력품의 3%로 계상한다.

- 보완

현 행

2-4-4 세로형 가설방음판 설치 및 해체

(10m당)

구 분	단 위	설치높이 3m이하		설치높이 6m이하	
		설 치	해 체	설 치	해 체
비 계 공	인	0.24	0.10	0.28	0.11
보 통 인 부	인	0.09	0.03	0.10	0.04

[주] ① 본 품은 조이너클립을 사용한 재생플라스틱 방음판(~~폭 650㎜이하~~) 설치 및 해체 작업 기준이다.
② 문양이나 도색 등이 필요한 경우에 별도 계상한다.
③ 공구손료 및 경장비(전동드릴 등)의 기계경비는 인력품의 3%로 계상한다.

개 정(안)

2-4-4 세로형 가설방음판 설치 및 해체

(일당)

구 분	단 위	수량	시공량(m)					
			설치높이 3m이하		설치높이 6m이하		설치높이 10m이하	
			설 치	해 체	설 치	해 체	설 치	해 체
비 계 공	인	3	120	300	100	260	90	230
보 통 인 부	인	1						

[주] ① 본 품은 조이너클립을 사용한 재생플라스틱 방음판 설치 및 해체 작업 기준이다.
② 문양이나 도색 등이 필요한 경우에 별도 계상한다.
③ 공구손료 및 경장비(전동드릴 등)의 기계경비는 인력품의 3%로 계상한다.
④ 현장여건에 따라 고소작업차가 필요할 경우 기계경비는 별도 계상한다.

- 보완

현 행

2-4-5 가로형 가설방음판 설치 및 해체

(10m당)

구 분	규 격	단위	설치높이 3m이하		설치높이 6m이하	
			설치	해체	설치	해체
비 계 공		인	0.72	0.29	0.84	0.34
보 통 인 부		인	0.26	0.10	0.30	0.12
트럭탑재형크레인	5ton	대	0.95	0.38	1.11	0.44

[주] ① 본 품은 H-bar를 사용한 스틸 방음판(~~500㎜×30T×1,980㎜~~) 설치 및 해체 작업 기준이다.
② H-bar 설치 및 해체를 포함하며, 문양이나 도색 등이 필요한 경우에 별도 계상한다.
③ 공구손료 및 경장비(전동드릴 등)의 기계경비는 인력품의 2%로 계상한다.

개 정(안)

2-4-5 가로형 가설방음판 설치 및 해체

(일당)

구 분	단 위	수량	시공량(m)					
			설치높이 3m이하		설치높이 6m이하		설치높이 10m이하	
			설치	해체	설치	해체	설치	해체
비 계 공	인	3	50	120	40	105	35	90
보 통 인 부	인	1						
크 레 인	대	1						

[주] ① 본 품은 H-bar를 사용한 스틸 방음판 설치 및 해체 작업 기준이다.
② H-bar 설치 및 해체를 포함하며, 문양이나 도색 등이 필요한 경우에 별도 계상한다.
③ 공구손료 및 경장비(전동드릴 등)의 기계경비는 인력품의 2%로 계상한다.
④ 현장여건에 따라 고소작업차가 필요할 경우 기계경비는 별도 계상한다.
⑤ 장비(크레인)의 규격은 작업여건(시공높이, 시공위치 등) 및 안전율(적정하중, 작업반경 등)을 고려하여 적합한 규격을 적용한다.

구분	현 행	개 정(안)	비고
- 적정검토	2-5 규준틀 / 2-5-1 토공의 비탈 규준틀 설치 및 철거('09년 보완)	2-5 규준틀 / 2-5-1 목재 비탈 규준틀 설치 및 철거	

현행

2-5 규준틀

2-5-1 토공의 비탈 규준틀 설치 및 철거('09년 보완)

(개소당)

구 분	단 위	수 량
건 축 목 공	인	0.16
보 통 인 부	인	0.14

[주] 본 품은 높이 0.5m, 표지판 2개를 설치한 비탈규준틀의 제작, 도색, 가설, 철거작업을 포함한다.

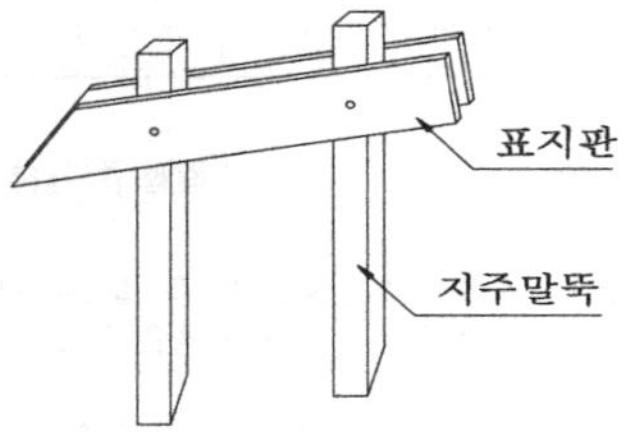

개정(안)

2-5 규준틀

2-5-1 목재 비탈 규준틀 설치 및 철거

(개소당)

구 분	단 위	수 량
건 축 목 공	인	현행과 동일
보 통 인 부	인	

[주] ① 본 품은 높이 0.5m 규준틀을 설치 및 철거하는 기준이다.
② 비탈규준틀의 제작, 도색, 가설, 철거작업을 포함한다.

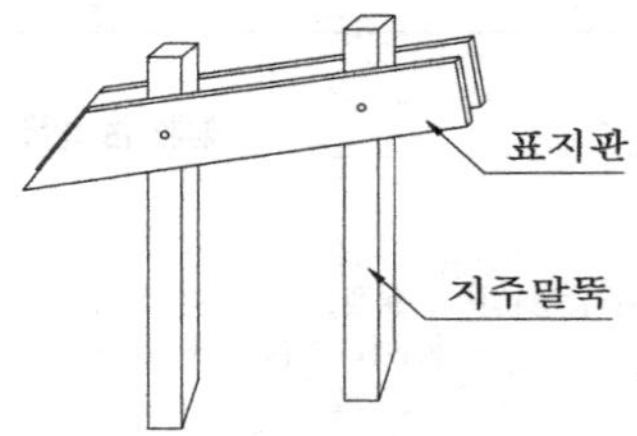

- 적정검토

현행

2-5-2 도로용 목재 수평규준틀 설치 및 철거

(개소당)

구 분	단 위	수 량
건 축 목 공	인	0.21
보 통 인 부	인	0.19

[주] 본 품은 높이 2.4m, 표지판 8개를 설치한 수평규준틀의 제작, 도색, 가설, 철거작업을 포함한다.

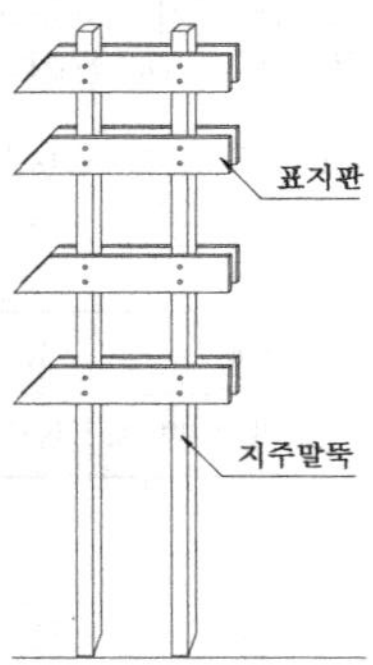

개정(안)

2-5-2 목재 수평규준틀 설치 및 철거

(개소당)

구 분	단 위	수 량
건 축 목 공	인	현행과 동일
보 통 인 부	인	

[주] ① 본 품은 높이 2.4m, 규준틀을 설치 및 철거하는 기준이다.
② 수평규준틀의 제작, 도색, 가설, 철거작업을 포함한다.

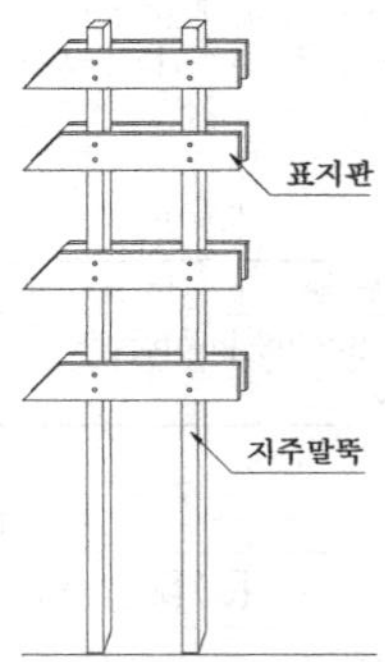

구분	현 행	개 정(안)	비고
- 적정검토	2-5-3 도로용 철재 수평규준틀 설치 및 철거	2-5-3 철재 수평규준틀 설치 및 철거	
- 적정검토	2-5-4 평·귀규준틀 설치 및 철거	2-5-4 목재 평·귀규준틀 설치 및 철거	

현행

2-5-3 도로용 철재 수평규준틀 설치 및 철거

(개소당)

구 분	단 위	규준틀 높이	
		5m이하	10m이하
건 축 목 공	인	0.14	0.17
보 통 인 부	인	0.12	0.14

[주] 본 품은 제작된 수평규준틀을 기준한 것이며, 조립, 설치 및 철거작업을 포함한다.

개정(안)

2-5-3 철재 수평규준틀 설치 및 철거

(개소당)

구 분	단 위	규준틀 높이	
		5m이하	10m이하
건 축 목 공	인	현행과 동일	
보 통 인 부	인		

[주] ① 본 품은 제작된 수평규준틀을 설치 및 철거하는 기준이다.
② 수평규준틀의 조립, 설치 및 철거작업을 포함한다.

현행

2-5-4 평·귀규준틀 설치 및 철거

(개소당)

구 분	단위	종 별	
		평 규 준 틀	귀 규 준 틀
목 재	㎥	0.014	0.022
건 축 목 공	인	0.15	0.30
보 통 인 부	인	0.30	0.45

[주] 본 품은 제작, 도색, 가설, 철거작업을 포함한다.

개정(안)

2-5-4 목재 평·귀규준틀 설치 및 철거

(개소당)

구 분	단위	종 별	
		평 규 준 틀	귀 규 준 틀
목 재	㎥	현행과 동일	
건 축 목 공	인		
보 통 인 부	인		

[주] ① 본 품은 규준틀을 설치 및 철거하는 기준이다.
② 규준틀의 제작, 도색, 가설, 철거작업을 포함한다.

구분	현 행	개 정(안)	비고

구분: - 보완

현 행

2-6 동바리

2-6-1 강관 동바리 설치 및 해체(토목)('09, '16년 보완)

(10공㎡당)

구 분	단 위	수 량		
		2.5m이하	2.5m초과~3.5m이하	3.5m초과~4.2m이하
형틀목공	인	0.54	0.58	0.63
보통인부	인	0.21	0.23	0.25

비고

- 수평연결재가 필요한 경우는 다음과 같이 계상한다.

(1단 설치일 때, ㎡당)

구 분	규 격	단 위	수 량
형 틀 목 공	설치, 해체	인	0.02
보 통 인 부	설치, 해체	인	0.01

[주] 전체동바리 연결을 기준으로 산정된 것이다.

- 설치간격에 따른 요율은 다음 기준을 적용한다.

설치간격	0.6m이하	0.6m초과~0.8m이하	0.8m초과
요율(%)	120%	100%	90%

[주] 설치간격은 멍에간격을 기준한 것이다.

[주] ① 본 품은 강관동바리(설치높이 4.2m까지)의 설치 및 해체 작업 기준이다.
② 본 품은 멍에의 설치, 해체 작업을 포함한다.
③ 동바리를 지반에 설치할 경우에 지반고르기 및 콘크리트 타설 등은 별도 계상한다.
④ 잡재료 및 소모재료(고정못 등)는 주재료비의 5%로 계상한다.

개 정(안)

2-6 동바리

2-6-1 강관 동바리 설치 및 해체(토목)

(일당)

구 분	단 위	수 량	시공량(공㎡)		
			2.5m이하	2.5m초과~3.5m이하	3.5m초과~4.2m이하
형틀목공	인	3	50	45	40
보통인부	인	1			

비고

- 수평연결재가 필요한 경우는 다음과 같이 계상한다.

(1단 설치일 때, ㎡당)

구 분	규 격	단 위	수 량
형 틀 목 공	설치, 해체	인	현행과 동일
보 통 인 부	설치, 해체	인	

[주] 전체동바리 연결을 기준으로 산정된 것이다.

- 설치간격에 따른 요율은 다음 기준을 적용한다.

설치간격	0.6m이하	0.6m초과~0.8m이하	0.8m초과
시공량 요율(%)	- 17%	-	+ 11%

※ 설치간격은 멍에간격을 기준한 것이다.

[주] ① 본 품은 강관동바리(설치높이 4.2m까지)의 설치 및 해체 작업 기준이다.
② 규격(높이)은 전체 설치높이 기준이다.
③ 본 품은 멍에의 설치, 해체 작업을 포함한다.
④ 동바리를 지반에 설치할 경우에 지반고르기 및 콘크리트 타설 등은 별도 계상한다.
⑤ 잡재료 및 소모재료(고정못 등)는 주재료비의 5%로 계상한다.

구분: - 보완

현 행

2-6-2 강관 동바리 설치 및 해체(건축, 기계설비)('16년 보완)

(㎡당)

구 분	단 위	수 량	
		3.5m이하	3.5m초과~4.2m이하
형 틀 목 공	인	0.05	0.06
보 통 인 부	인	0.01	0.01

비고

- 수평연결재가 필요한 경우는 다음과 같이 계상한다.

(1단설치일 때, ㎡당)

구 분	규 격	단 위	수 량
형 틀 목 공	설치, 해체	인	0.02
보 통 인 부	설치, 해체	인	0.01

※ 전체동바리 연결을 기준으로 산정된 것이다.

- 설치간격에 따라 다음 요율을 적용한다.

설치간격	0.6m이하	0.6m초과~0.8m이하	0.8m초과
요율(%)	120%	100%	90%

※ 설치간격은 멍에간격을 기준한다.

[주] ① 본 품은 강관동바리(설치높이 4.2m까지)의 설치 및 해체 작업 기준이다.
② 본 품은 멍에의 설치, 해체 작업을 포함한다.
③ 동바리를 지반에 설치할 경우에 지반고르기 및 콘크리트 타설 등은 별도 계상한다.
④ 잡재료 및 소모재료(고정못 등)는 주재료비의 5%로 계상한다.

개 정(안)

2-6-2 강관 동바리 설치 및 해체(건축, 기계설비)

(일당)

구 분	단 위	수량	시공량(㎡)	
			3.5m이하	3.5m초과~4.2m이하
형 틀 목 공	인	3	65	55
보 통 인 부	인	1		

비고

- 수평연결재가 필요한 경우는 다음과 같이 계상한다.

(1단설치일 때, ㎡당)

구 분	규 격	단 위	수 량
형 틀 목 공	설치, 해체	인	현행과 동일
보 통 인 부	설치, 해체	인	

※ 전체동바리 연결을 기준으로 산정된 것이다.

- 설치간격에 따른 요율은 다음 기준을 적용한다.

설치간격	0.6m이하	0.6m초과~0.8m이하	0.8m초과
시공량 요율(%)	- 17%	-	+ 11%

※ 설치간격은 멍에간격을 기준한다.

[주] ① 본 품은 강관동바리(설치높이 4.2m까지)의 설치 및 해체 작업 기준이다.
② 규격(높이)은 전체 설치높이 기준이다.
③ 본 품은 멍에의 설치, 해체 작업을 포함한다.
④ 동바리를 지반에 설치할 경우에 지반고르기 및 콘크리트 타설 등은 별도 계상한다.
⑤ 잡재료 및 소모재료(고정못 등)는 주재료비의 5%로 계상한다.

구분	현 행	개 정(안)	비고
- 보완	2-6-3 시스템 동바리 설치 및 해체('01년 신설, '09, '16년 보완)	2-6-3 시스템 동바리 설치 및 해체	

현 행

2-6-3 시스템 동바리 설치 및 해체('01년 신설, '09, '16년 보완)

(10공㎥당)

구 분	단 위	수 량		
		10m이하	10m초과~20m이하	20m초과~30m이하
형 틀 목 공	인	0.58	0.68	0.87
보 통 인 부	인	0.18	0.21	0.27
크 레 인	hr	0.17	0.25	0.28

비고
- 설치간격에 따라 다음 요율을 적용한다.

설치간격	0.6m이하	0.6m초과~1.2m이하	1.2m초과
요율(%)	120%	100%	90%

[주] 설치간격은 멍에간격을 기준한다.

[주] ① 본 품은 시스템동바리의 설치 및 해체 작업 기준이다.
② 본 품은 멍에의 설치, 해체 작업을 포함한다.
③ 동바리를 지반에 설치할 경우에 지반고르기 및 콘크리트 타설 등은 별도 계상한다.
~~④ 크레인 규격은 다음 기준을 적용하며, 작업여건에 따라 변경할 수 있다.~~

높 이	20m 이하	20m초과~30m 이하
크레인규격	15톤	20톤

개 정(안)

2-6-3 시스템 동바리 설치 및 해체

(일당)

구 분		단 위	수 량	시공량(공㎥)			
				5m 이하	5m초과~10m이하	10m초과~20m이하	20m초과~30m이하
설치	형 틀 목 공	인	4	130	-	-	-
	보 통 인 부	인	1				
	형 틀 목 공	인	4	-	120	105	85
	보 통 인 부	인	1				
	크 레 인	대	0.5				
해체	형 틀 목 공	인	2	150	-	-	-
	보 통 인 부	인	2				
	형 틀 목 공	인	2	-	150	140	115
	보 통 인 부	인	2				
	크 레 인	대	0.5				

비고
- 설치간격에 따른 요율은 다음 기준을 적용한다.

설치간격	0.6m이하	0.6m초과~0.8m이하	0.8m초과
시공량 요율(%)	- 17%	-	+ 11%

※ 설치간격은 멍에간격을 기준한다.

[주] ① 본 품은 시스템동바리의 설치 및 해체 작업 기준이다.
② 규격(높이)은 전체 설치높이 기준이다.
③ 본 품은 멍에의 설치, 해체 작업을 포함한다.
④ 동바리를 지반에 설치할 경우에 지반고르기 및 콘크리트 타설 등은 별도 계상한다.
⑤ 현장여건에 따라 고소작업차가 필요할 경우 기계경비는 별도 계상한다.
⑥ 장비(크레인)의 규격은 작업여건(시공높이, 시공위치 등) 및 안전율(적정하중, 작업반경 등)을 고려하여 적합한 규격을 적용한다.

구분	현행	개정(안)	비고

구분: - 보완

현행

2-7 비계

2-7-1 강관비계 설치 및 해체('09, '16년 보완)

(㎡당)

구 분	규 격	단 위	수 량		
			10m이하	10m초과~20m이하	20m초과~30m이하
비 계 공	설치, 해체	인	0.05	0.06	0.07
보 통 인 부	설치, 해체	인	0.02	0.02	0.02

[주] ① 본 품은 쌍줄비계의 설치 및 해체 작업 기준이다.
② 본 품은 비계(발판 및 이동용 내부계단) 설치, 해체 작업을 포함한다.
③ 높이 30m 초과 시 비계설치, 해체 및 비계안전 보강재 설치 품은 별도 계상한다.
④ 가설계단 및 방호시설은 별도 계상한다.
⑤ 공구손료 및 경장비(전동드릴 등)의 기계경비는 인력품의 2%로 계상한다.

개정(안)

2-7 비계

2-7-1 강관비계 설치 및 해체

(일당)

구 분	단 위	수 량	수 량(㎡)		
			10m이하	10m초과~20m이하	20m초과~30m이하
비 계 공	인	3	55	45	40
보 통 인 부	인	1			
비 고	- 비계주위 보호망을 시공하지 않는 경우 본 시공량의 8%를 증하여 적용한다.				

[주] ① 본 품은 쌍줄비계의 설치 및 해체 작업 기준이다.
② 규격(높이)은 구간별로 구분하여 적용한다.
③ 본 품은 비계(발판 및 이동용 내부계단), 비계주위 보호망 설치 및 해체 작업을 포함한다.
④ 높이 30m 초과 시 비계설치 및 해체, 비계안전 보강재 설치 품은 별도 계상한다.
⑤ 가설계단 및 방호시설은 별도 계상한다.
⑥ 공구손료 및 경장비(드릴 등)의 기계경비는 인력품의 2%로 계상한다.
⑦ 비계에서 작업을 위해 벽 연결재를 추가적으로 설치 및 해체하는 경우는 '2-7-9 비계용 브라켓 설치 및 해체'를 적용한다.

구분: - 보완

현행

2-7-2 시스템비계 설치 및 해체('16년 신설)

(㎡당)

구 분	규 격	단 위	수 량		
			10m이하	10m초과~20m이하	20m초과~30m이하
비 계 공	설치, 해체	인	0.04	0.05	0.06
보 통 인 부	설치, 해체	인	0.01	0.01	0.01

[주] ① 본 품은 시스템비계(연결핀 조립)의 설치 및 해체 작업 기준이다.
② 본 품은 비계(발판 및 내부계단 포함) 설치, 해체 작업을 포함한다.
③ 높이 30m 초과 시 비계설치, 해체 및 비계안전 보강재 설치 품은 별도 계상한다.
④ 가설 계단 및 방호시설은 별도 계상한다.
~~⑤ 현장여건에 따라 장비(크레인 등)가 필요한 경우 기계경비는 별도 계상한다.~~

개정(안)

2-7-2 시스템비계 설치 및 해체(인력)

(일당)

구 분		단 위	수 량	수 량(㎡)		
				10m이하	10m초과~20m이하	20m초과~30m이하
설치	비 계 공	인	4	150	130	110
	보 통 인 부	인	1			
해체	비 계 공	인	2	150	130	110
	보 통 인 부	인	2			
비 고		- 비계주위 보호망을 시공하지 않는 경우 본 시공량의 8%를 증하여 적용한다.				

[주] ① 본 품은 시스템비계(연결핀 조립)의 설치 및 해체 작업 기준이다.
② 규격(높이)은 구간별로 구분하여 적용한다.
③ 본 품은 비계(발판 및 내부계단 포함), 비계주위 보호망 설치 및 해체 작업을 포함한다.
④ 높이 30m 초과 시 비계설치, 해체 및 비계안전 보강재 설치 품은 별도 계상한다.
⑤ 가설 계단 및 방호시설은 별도 계상한다.
⑥ 비계에서 작업을 위해 벽 연결재를 추가적으로 설치 및 해체하는 경우는 '2-7-9 비계용 브라켓 설치 및 해체'를 적용한다.
⑦ 공구손료 및 경장비(드릴 등)의 기계경비는 인력품의 2%로 계상한다.

구분	현 행	개 정(안)	비고
- 신설	- 신 설 -	2-7-3 시스템비계 설치 및 해체 (아래 참조)	

2-7-3 시스템비계 설치 및 해체

(일당)

구 분		단 위	수 량	수 량(㎡)		
				10m이하	10m초과~ 20m이하	20m초과~ 30m이하
설치	비 계 공	인	4	180	150	130
	보 통 인 부	인	1			
	양 중 장 비	대	0.5			
해체	비 계 공	인	2	190	160	140
	보 통 인 부	인	2			
	양 중 장 비	대	0.5			
비 고		- 비계주위 보호망을 시공하지 않는 경우 본 시공량의 8%를 증하여 적용한다.				

[주] **① 본 품은 시스템비계(연결핀 조립)의 설치 및 해체 작업 기준이다.**
② 규격(높이)은 구간별로 구분하여 적용한다.
③ 본 품은 비계(발판 및 내부계단 포함), 비계주위 보호망 설치 및 해체 작업을 포함한다.
④ 높이 30m 초과 시 비계설치, 해체 및 비계안전 보강재 설치 품은 별도 계상한다.
⑤ 가설 계단 및 방호시설은 별도 계상한다.
⑥ 비계에서 작업을 위해 벽 연결재를 추가적으로 설치 및 해체하는 경우는 '2-7-9 비계용 브라켓 설치 및 해체'를 적용한다.
⑦ 양중장비의 규격은 작업여건(시공높이, 시공위치 등) 및 안전율(적정하중, 작업반경 등)을 고려하여 적합한 규격을 적용한다.
⑧ 공구손료 및 경장비(드릴 등)의 기계경비는 인력품의 2%로 계상한다.

구분	현행	개정(안)	비고

- 신설

현행: - 신 설 -

개정(안):

2-7-5 수평비계 설치 및 해체

(10㎡당)

구분	단위	수량
비계공	인	0.41
보통인부	인	0.18

[주] ① 본 품은 천장 작업을 위한 수평비계(높이 10m이하)의 설치 및 해체 작업 기준이다.
② 단위수량(㎡)은 수평비계의 발판면적(㎡) 및 발판까지의 높이(m)를 기준한다.
③ 본 품은 비계틀(발판, 내부계단, 난간대 포함) 설치 및 해체 작업을 포함한다.
④ 가설계단 및 방호시설은 필요 시 별도 계상한다.

- 보완

현행:

2-7-7 비계용 브라켓 설치 및 해체('16년 보완)

(10개소당)

구분	규격	단위	수량			
			벽용		슬래브발코니, 난간용	
			설치	해체	설치	해체
비계공	설치, 해체	인	0.45	0.34	0.34	0.26

[주] 본 품은 벽, 슬래브, 난간에 비계용 브라켓의 설치 및 해체 작업 기준이다.

개정(안):

2-7-9 비계용 브라켓 설치 및 해체

(10개소당)

구분	규격	단위	수량			
			벽용		슬래브발코니, 난간용	
			설치	해체	설치	해체
비계공	설치, 해체	인	현행과 동일			

[주] ① 본 품은 벽, 슬래브, 난간에 비계용 브라켓의 설치 및 해체 작업 기준이다.
② 공구손료 및 경장비(드릴 등)의 기계경비는 인력품의 2%로 계상한다.

구분	현 행	개 정(안)	비고
- 보완	(see below)	(see below)	

현 행

2-8 추락재해방지시설

2-8-1 낙하물 방지망(비계) 설치 및 해체('20년 보완)

(10㎡당)

구 분	규 격	단 위	수 량
비 계 공	설치, 해체	인	0.30
보 통 인 부	설치, 해체	인	0.10

[주] ① 본 품은 비계 외부에 강관을 사용한 낙하물방지망(수평방향 3m이하)을 설치 및 해체하는 기준이다.
② 본 품은 지지대, 연결재, 그물망 설치 및 해체 작업을 포함한다.
③ 타워크레인 또는 크레인이 필요한 경우 기계경비는 별도 계상한다.
④ 공구손료 및 경장비(전동드릴 등)의 기계경비는 인력품의 2%로 계상한다.
~~⑤ 재료량은 다음을 참고하며, 강관 및 부속철물의 손율은 '[공통부문] 2-2-5 구조물비계'를 따른다.~~

(㎡당)

구 분	규 격	단 위	수 량
강 관	ø48.6㎜×2.4㎜	m	2.70
브 라 켓		개	0.26
철 선		kg	0.25
클 램 프		개	0.27
그 물 망		㎡	1.24

※ 위 재료량은 할증이 포함되어 있으며, 그물망의 손율은 1회사용 후 100%로 한다.

개 정(안)

2-8 추락재해 및 낙하물방지시설

2-8-1 낙하물 방지망(비계) 설치 및 해체

(일당)

구 분	단 위	수 량	시공량(㎡)
비 계 공	인	3	100
보 통 인 부	인	1	

[주] ① 본 품은 비계 외부에 강관을 사용한 낙하물방지망(수평방향 3m이하)을 설치 및 해체하는 기준이다.
② 본 품은 지지대, 연결재, 그물망 설치 및 해체 작업을 포함한다.
③ 타워크레인 또는 크레인이 필요한 경우 기계경비는 별도 계상한다.
④ 공구손료 및 경장비(전동드릴 등)의 기계경비는 인력품의 2%로 계상한다.

[참고자료] 낙하물 방지망(비계) 재료량

(㎡당)

구 분	규 격	단 위	수 량
강 관	ø48.6㎜×2.4㎜	m	2.70
브 라 켓		개	0.26
철 선		kg	0.25
클 램 프		개	0.27
그 물 망		㎡	1.24

※ 위 재료량은 할증이 포함되어 있으며, 그물망의 손율은 1회사용 후 100%로 한다.
※ 강관 및 부속철물의 손율은 '[공통부문] 2-2-5 구조물비계'를 따른다.

구분	현 행	개 정(안)	비고

- 보완

현 행

2-8-2 낙하물 방지망(플라잉넷) 설치 및 해체('09년 신설, '17, '20년 보완)

(10㎡당)

구 분	규 격	단 위	수 량
비 계 공	설치, 해체	인	0.20
보 통 인 부	설치, 해체	인	0.10

[주] ① 본 품은 구조체 외부에 사다리(플라잉넷)를 사용한 낙하물방지망(수평방향 3m이하)을 설치 및 해체하는 기준이다.
② 본 품은 브라켓, 사다리, 와이어로프, 그물망 설치 및 해체 작업을 포함한다.
③ 공구손료 및 경장비(전동드릴 등)의 기계경비는 인력품의 3%로 계상한다.
~~④ 재료량은 다음을 참고하며, 강관 및 부속철물의 손율은 '[공통부문] 2-2-5 구조물비계'를 따른다.~~

(㎡당)

구 분	규 격	단 위	수 량
강 관	ø48.6㎜×2.4㎜	m	0.167
브 라 켓		개	0.116
사 다 리	폭 30㎝×길이 3m 기준	m	0.111
와 이 어 로 프	ø6	m	0.764
클 램 프		개	0.127
그 물 망		㎡	1.390

※ 위 재료량은 할증이 포함되어 있으며, 그물망의 손율은 1회사용 후 100%로 한다.

개 정(안)

2-8-2 낙하물 방지망(플라잉넷) 설치 및 해체

(일당)

구 분	단 위	수 량	시공량(㎡)
비 계 공	인	3	135
보 통 인 부	인	1	

[주] ① 본 품은 구조체 외부에 사다리(플라잉넷)를 사용한 낙하물방지망(수평방향 3m이하)을 설치 및 해체하는 기준이다.
② 본 품은 브라켓, 사다리, 와이어로프, 그물망 설치 및 해체 작업을 포함한다.
③ 공구손료 및 경장비(전동드릴 등)의 기계경비는 인력품의 3%로 계상한다.

[참고자료] 낙하물 방지망(플라잉넷) 재료량

(㎡당)

구 분	규 격	단 위	수 량
강 관	ø48.6㎜×2.4㎜	m	0.167
브 라 켓		개	0.116
사 다 리	폭 30㎝×길이 3m 기준	m	0.111
와 이 어 로 프	ø6	m	0.764
클 램 프		개	0.127
그 물 망		㎡	1.390

※ 위 재료량은 할증이 포함되어 있으며, 그물망의 손율은 1회사용 후 100%로 한다.
※ 강관 및 부속철물의 손율은 '[공통부문] 2-2-5 구조물비계'를 따른다.

- 보완

현 행

2-8-3 낙하물 방지망(시스템방호) 설치 및 해체('20년 신설)

(10㎡당)

구 분	단 위	수 량
비 계 공	인	0.25
보 통 인 부	인	0.10

[주] ① 본 품은 구조체 외부에 강관을 사용한 낙하물방지망(수평방향 4m이하) 설치 및 해체하는 기준이다.
② 본 품은 지지대, 연결재, 그물망 설치 및 해체 작업을 포함한다.
③ 타워크레인 또는 크레인이 필요한 경우 기계경비는 별도 계상한다.
④ 공구손료 및 경장비(전동드릴 등)의 기계경비는 인력품의 2%로 계상한다.

개 정(안)

2-8-3 낙하물 방지망(시스템방호) 설치 및 해체

(일당)

구 분	단 위	수 량	시공량(㎡)
비 계 공	인	3	115
보 통 인 부	인	1	

[주] ① 본 품은 구조체 외부에 강관을 사용한 낙하물방지망(수평방향 4m이하) 설치 및 해체하는 기준이다.
② 본 품은 지지대, 연결재, 그물망 설치 및 해체 작업을 포함한다.
③ 타워크레인 또는 크레인이 필요한 경우 기계경비는 별도 계상한다.
④ 공구손료 및 경장비(전동드릴 등)의 기계경비는 인력품의 2%로 계상한다.

구분	현 행	개 정(안)	비고

– 보완

현 행

2-8-4 교량 방호선반 설치 및 해체('11년 신설, '23년 보완)

(10㎡당)

구 분	규 격	단 위	수 량
비 계 공	-	인	0.25
보 통 인 부	-	인	0.12
크 레 인	5 ton	hr	0.10
고 소 작 업 차	5 ton	hr	0.43

[주] ① 본 품은 교량(거더 하부)에 방호선반을 설치 및 해체하는 기준이다.
② 본 품은 브라켓 및 비계파이프 설치, 합판 거치, 천막지 설치, 안전난간 및 보호망 설치 작업을 포함한다.
③ 장비의 규격은 작업여건(작업범위, 위치 등)을 고려하여 변경할 수 있다.
④ 공구손료 및 경장비(와이어윈치 등)의 기계경비는 인력품의 3%로 계상한다.

개 정(안)

2-8-4 교량 방호선반 설치 및 해체

(일당)

구 분	단 위	수 량	시공량(㎡)
비 계 공	인	2	125
보 통 인 부	인	1	
크 레 인	대	0.5	
고 소 작 업 차	대	1	

[주] ① 본 품은 교량(거더 하부)에 방호선반을 설치 및 해체하는 기준이다.
② 본 품은 브라켓 및 비계파이프 설치, 합판 거치, 천막지 설치, 안전난간 및 보호망 설치 작업을 포함한다.
③ 장비(크레인, 고소작업차)의 규격은 작업여건(시공높이, 시공위치 등) 및 안전율(적정하중, 작업반경 등)을 고려하여 적합한 규격을 적용한다.
④ 공구손료 및 경장비(와이어윈치 등)의 기계경비는 인력품의 3%로 계상한다.

– 보완

현 행

2-8-5 교량 낙하물방지망 설치 및 해체('23년 신설)

(10㎡당)

구 분	규 격	단 위	수 량
비 계 공	-	인	0.14
보 통 인 부	-	인	0.07
고 소 작 업 차	5 ton	hr	0.33

[주] ① 본 품은 교량 거더 하부에 낙하물방지망을 설치 및 해체하는 기준이다.
② 본 품은 브라켓 및 비계파이프 설치, 그물망 설치 작업을 포함한다.
③ 장비의 규격은 작업여건(작업범위, 위치 등)을 고려하여 변경할 수 있다.
④ 공구손료 및 경장비(와이어윈치 등)의 기계경비는 인력품의 3%로 계상한다.

개 정(안)

2-8-5 교량 낙하물방지망 설치 및 해체

(일당)

구 분	단 위	수 량	시공량(㎡)
비 계 공	인	2	180
보 통 인 부	인	1	
고 소 작 업 차	대	1	

[주] ① 본 품은 교량 거더 하부에 낙하물방지망을 설치 및 해체하는 기준이다.
② 본 품은 브라켓 및 비계파이프, 그물망의 설치 및 해체 작업을 포함한다.
③ 장비(고소작업차)의 규격은 작업여건(시공높이, 시공위치 등) 및 안전율(적정하중, 작업반경 등)을 고려하여 적합한 규격을 적용한다.
④ 공구손료 및 경장비(와이어윈치 등)의 기계경비는 인력품의 3%로 계상한다.

<table>
<tr><th>구분</th><th>현 행</th><th>개 정(안)</th><th>비고</th></tr>
<tr><td>- 신설</td><td>- 신 설 -</td><td>

2-8-6 출입구 방호선반 설치 및 해체

(개소당)

<table>
<tr><th rowspan="2">구 분</th><th rowspan="2">단 위</th><th colspan="2">수 량</th></tr>
<tr><th>보행자 출입구</th><th>차량 출입구</th></tr>
<tr><td>비 계 공</td><td>인</td><td>0.56</td><td>0.63</td></tr>
</table>

[주] ① 본 품은 구조물 출입구에 방호선반을 설치 및 해체하는 기준이다.
② 본 품은 방호선반틀(파이프), 발판, 난간대의 설치 및 해체 작업을 포함한다.
③ 공사안내판 및 보호망, 가설계단 작업은 별도 계상한다.
④ 공구손료 및 경장비(전동드릴 등)의 기계경비는 인력품의 2%로 계상한다.

</td><td></td></tr>
<tr><td>- 신설</td><td>- 항목 신설 -</td><td>

2-10 피해방지시설

2-10-7 암파쇄 방호시설 설치 및 해체

(일당)

<table>
<tr><th rowspan="2">구 분</th><th rowspan="2">단위</th><th rowspan="2">수 량</th><th rowspan="2">설치높이</th><th colspan="2">시공량(m)</th></tr>
<tr><th>설치</th><th>해체</th></tr>
<tr><td>철 골 공</td><td>인</td><td>3</td><td>5.0m이하</td><td>13</td><td>31</td></tr>
<tr><td>보 통 인 부</td><td>인</td><td>1</td><td>7.0m이하</td><td>12</td><td>29</td></tr>
<tr><td>크 레 인</td><td>대</td><td>1</td><td>9.0m이하</td><td>10</td><td>25</td></tr>
</table>

[주] ① 본 품은 H파일을 사용한 절토부 암파쇄 방호벽(간격 2m)의 설치 및 해체 기준이다.
② 본 품은 방호시설틀(수평재, X-Bracing 등), 강재토류판 설치 및 해체 작업을 포함한다.
③ 천공 및 지주근입, 콘크리트 타설 및 깨기 작업은 별도 계상한다.
④ 장비(크레인)의 규격은 작업여건(시공높이, 시공위치 등) 및 안전율(적정하중, 작업반경 등)을 고려하여 적합한 규격을 적용한다.
⑤ 공구손료 및 경장비(용접기, 드릴 등)의 기계경비는 인력품의 3%로 계상한다.

</td><td></td></tr>
</table>

- [공통] 제3장 토공사 -

구분	현 행	개 정(안)	비고
- 적정검토	**3-3-1 암발파(미진동굴착 TYPE-Ⅰ)('20년 보완)**	**3-3-1 암발파(미진동굴착 TYPE-Ⅰ)**	

현 행

3-3-1 암발파(미진동굴착 TYPE-Ⅰ)('20년 보완)

(m^3당)

구분	규격	단위	수량
화약취급공		인	0.040
보통인부		인	0.060
유압식 크롤러드릴	110㎾	hr	0.100
굴착기 + 대형브레이커	1.0m^3	hr	0.040

[주] ⑦ 발파작업에 사용되는 재료(폭약, 뇌관)는 "도로공사노천발파설계·시공지침"에 따라 계상하고, 발파선, 전색재료 등의 잡재료는 재료비의 5%로 계상한다.

개 정(안)

3-3-1 암발파(미진동굴착 TYPE-Ⅰ)

(m^3당)

구분	규격	단위	수량
화약취급공		인	현행과 동일
보통인부		인	
유압식 크롤러드릴	110㎾	hr	
굴착기 + 대형브레이커	1.0m^3	hr	

[주] ⑦ 발파작업에 사용되는 재료(폭약, 뇌관)는 "도로공사노천발파설계·시공지침"에 따라 계상하고, 발파선, 전색재료 등의 잡재료는 재료비의 5%로 계상한다.
⑧ 도로공사노천발파설계·시공지침에 해당하지 않는 미진동굴착공법(Type-Ⅰ)의 재료(폭약, 뇌관, 미진동 전용파쇄재 등)은 현장여건에 따라 별도 계상한다.

구분	현 행	개 정(안)	비고
- 보완	(아래 현행 참조)	(아래 개정(안) 참조)	

현 행

3-11-1 머신 가이던스 굴착기

2. 3D GNSS 머신 가이던스 굴착기 작업능력

(일당)

공 종	규격	시공량	단위
터 파 기	$1.0m^3$	850	㎥
	$0.6m^3$	500	㎥
성 토 면 고 르 기	$1.0m^3$	1,200	㎥

[주]① 머신 가이던스는 건설 장비의 위치와 자세 정보를 이용하여 설계 목표 대비 현재 작업정보(작업종류, 작업상황, 목표수치, 지면과의 거리 등)를 장비 조종자에게 실시간으로 제공하는 시스템이다.

② 3D GNSS 머신 가이던스는 3차원 도면과 GNSS를 이용한 머신 가이던스 시스템을 말한다.

③ 3D GNSS 머신 가이던스의 구성품은 머신 가이던스 장치(GNSS 이동국, 관성 측정 장치(Inertial Measurement Unit; IMU), 케이블 및 브라켓, 메인 통합 컨트롤러, 머신 가이던스 디스플레이화면) 등을 포함한다.

④ 본 품은 굴착기의 말단 장치(End-Effector)에 별도의 어태치먼트(예: 틸트, 로테이터 등)을 부착하지 않은 기본 버킷 규격품을 기준으로 한다.

⑤ 3D GNSS 머신 가이던스 굴착기의 운용에 3D 도면 제작·변환 작업이 필요한 경우 별도 계상한다.

⑥ 장비는 현장여건에 따라 장비 규격을 변경하여 적용할 수 있다.

⑦ 본 품은 전체 토공량이 중규모(10,000㎥) (8-1-2 공사규모별 표준건설기계) 이상의 공사 규모에 대한 품으로 중규모 미만의 공사에 적용할 수 없다.

⑧ 본 품은 연속터파기 작업이 가능하고 작업 방해가 없는 조건에 한하여 적용한다.

⑨ 3D GNSS 머신 가이던스를 사용하는 굴착기는 주연료에 15% 할증을 적용한다.

개 정(안)

3-11-1 머신 가이던스 굴착기

2. 3D GNSS 머신 가이던스 굴착기 작업능력

(일당)

공 종	규격	일당시공량		단위
		양호	보통	
터 파 기	$1.0\ m^3$	850	680	㎥
	$0.6\ m^3$	500	400	㎥
성 토 면 고 르 기	$1.0\ m^3$	1,200		㎥

[주]① 머신 가이던스는 건설 장비의 위치와 자세 정보를 이용하여 설계 목표 대비 현재 작업정보(작업종류, 작업상황, 목표수치, 지면과의 거리 등)를 장비 조종자에게 실시간으로 제공하는 시스템이다.

② 3D GNSS 머신 가이던스는 3차원 도면과 GNSS를 이용한 머신 가이던스 시스템을 말한다.

③ 3D GNSS 머신 가이던스의 구성품은 머신 가이던스 장치(GNSS 이동국, 관성 측정 장치(Inertial Measurement Unit; IMU), 케이블 및 브라켓, 메인 통합 컨트롤러, 머신 가이던스 디스플레이화면) 등을 포함한다.

④ 본 품은 굴착기의 말단 장치(End-Effector)에 별도의 어태치먼트(예: 틸트, 로테이터 등)을 부착하지 않은 기본 버킷 규격품을 기준으로 한다.

⑤ 3D GNSS 머신 가이던스 굴착기의 운용에 3D 도면 제작·변환 작업이 필요한 경우 별도 계상한다.

⑥ 장비는 현장여건에 따라 장비 규격을 변경하여 적용할 수 있다.

⑦ 본 품은 전체 토공량이 중규모(10,000㎥) (8-1-2 공사규모별 표준건설기계) 이상의 공사 규모에 대한 품으로 중규모 미만의 공사에 적용할 수 없다.

⑧ 작업 조건 구분은 다음에 준하여 적용한다.

- 양호: 연속터파기 작업이 가능하고 작업 방해가 없는 경우
- 보통 : 자연지반은 단단하지만 절토작업이 최적인 경우, 또는 자연지반은 무르지만 절토작업이 곤란한 경우 등 제조건이 중간으로 판단되는 경우

⑨ 3D GNSS 머신 가이던스를 사용하는 굴착기는 주연료에 15% 할증을 적용한다.

구분	현 행	개 정(안)	비고
- 보완	(아래 현행 참조)	(아래 개정(안) 참조)	

현 행

3-11-2 머신 컨트롤 굴착기

2. 3D GNSS 머신 컨트롤 굴착기 작업능력

(일당)

공 종	규격	시공량	단위
터 파 기	1.0m³	880	㎥

[주] ① 본 품은 3D GNSS 머신 컨트롤(Machine Control) 시스템을 1.0㎥ 굴착기에 적용하여 시공하는 기준이다.
② 머신 컨트롤(Machine Control)는 건설 장비의 위치와 자세 정보를 이용하여 설계 목표 대비 현재 작업정보(작업종류, 작업상황, 목표수치, 지면과의 거리 등)를 장비 조종자에게 실시간으로 제공함과 동시에 반자동 또는 자동으로 작업을 수행하는 시스템이다.
③ 3D GNSS 머신 컨트롤은 3차원 도면과 GNSS를 이용한 머신 컨트롤 시스템이다.
④ 3D GNSS 머신 컨트롤의 구성품은 머신 컨트롤 장치(GNSS 이동국, 관성 측정 장치(Inertial Measurement Unit; IMU, 유압 제어 키트), 케이블 및 브라켓, 메인 통합 컨트롤러, 머신 가이던스
디스플레이 화면, 머신 컨트롤용 조종 인터페이스 등을 포함한다.
⑤ 본 품은 굴착기의 말단 장치(End-Effector)에 별도의 어태치먼트(예: 틸트, 로테이터 등)을 부착하지 않은 기본 버킷 규격품을 기준으로 한다.
⑥ 3D GNSS 머신 컨트롤 굴착기의 운용에 3D 도면 제작·변환 작업이 필요한 경우 별도 계상한다.
⑦ 장비는 현장여건에 따라 장비 규격을 변경하여 적용할 수 있다.
⑧ 본 품은 전체 토공량이 중규모(10,000㎥) (8-1-2 공사규모별 표준건설기계) 이상의 공사 규모에 대한 품으로 중규모 미만의 공사에 적용할 수 없다.
⑨ 본 품은 연속터파기 작업이 가능하고 작업 방해가 없는 조건에 한하여 적용한다.
⑩ 3D GNSS 머신 컨트롤을 사용하는 굴착기는 주연료에 15% 할증을 적용한다.

개 정(안)

3-11-2 머신 컨트롤 굴착기

2. 3D GNSS 머신 컨트롤 굴착기 작업능력

(일당)

공 종	규격	일당시공량		단위
		양호	보통	
터 파 기	1.0 m³ 시공량	880	700	㎥
	0.6 m³ 시공량	515	410	

[주] ① 본 품은 3D GNSS 머신 컨트롤(Machine Control) 시스템을 1.0㎥ 굴착기에 적용하여 시공하는 기준이다.
② 머신 컨트롤(Machine Control)는 건설 장비의 위치와 자세 정보를 이용하여 설계 목표 대비 현재 작업정보(작업종류, 작업상황, 목표수치, 지면과의 거리 등)를 장비 조종자에게 실시간으로 제공함과 동시에 반자동 또는 자동으로 작업을 수행하는 시스템이다.
③ 3D GNSS 머신 컨트롤은 3차원 도면과 GNSS를 이용한 머신 컨트롤 시스템이다.
④ 3D GNSS 머신 컨트롤의 구성품은 머신 컨트롤 장치(GNSS 이동국, 관성 측정 장치(Inertial Measurement Unit; IMU, 유압 제어 키트), 케이블 및 브라켓, 메인 통합 컨트롤러, 머신 가이던스
디스플레이 화면, 머신 컨트롤용 조종 인터페이스 등을 포함한다.
⑤ 본 품은 굴착기의 말단 장치(End-Effector)에 별도의 어태치먼트(예: 틸트, 로테이터 등)을 부착하지 않은 기본 버킷 규격품을 기준으로 한다.
⑥ 3D GNSS 머신 컨트롤 굴착기의 운용에 3D 도면 제작·변환 작업이 필요한 경우 별도 계상한다.
⑦ 장비는 현장여건에 따라 장비 규격을 변경하여 적용할 수 있다.
⑧ 본 품은 전체 토공량이 중규모(10,000㎥) (8-1-2 공사규모별 표준건설기계) 이상의 공사 규모에 대한 품으로 중규모 미만의 공사에 적용할 수 없다.
⑨ 작업 조건 구분은 다음에 준하여 적용한다.
- 양호: 연속터파기 작업이 가능하고 작업 방해가 없는 조건에 한하여 적용한다.
- 보통 : 자연지반은 단단하지만 절토작업이 최적인 경우, 또는 자연지반은 무르지만 절토작업이 곤란한 경우 등 제조건이 중간으로 판단되는 경우
⑩ 3D GNSS 머신 컨트롤을 사용하는 굴착기는 주연료에 15% 할증을 적용한다.

구분	현 행	개 정(안)	비고
- 신설		(see below)	

3-11 스마트 토공

3-11-5 지능형 다짐 롤러(Intelligent Compaction)

1. 지능형 다짐공 롤러 장비조립·해체

(회당)

구 분	단 위	수 량
고 급 기 술 자	인	1
중 급 기 술 자	인	1
조 립	일	1
해 체	일	1

[주] ① 본 품은 지능형 다짐 시스템을 롤러에 조립 및 해체하는데 소요되는 품이다.
② 공구손료 및 경장비의 기계경비(측량기기, 용접기 등)는 별도 계상한다.

2. 지능형 다짐공 시험시공 및 다짐관리 기준 수립

(회당)

구 분	규격	단위	수량
특 별 인 부	–	인	1
중 급 기 술 자	–	인	1
모 터 그 레 이 더 (일 반 용)	3.6m	대	1
I C 진 동 롤 러 (자 주 식)	10.0ton	대	1
굴 착 기	0.6m3	대	1
물 탱 크 (살 수 차)	16,000 L	대	1

[주] ① '2. 지능형 다짐공 시험시공 및 다짐기준수립 품'은 표준시방서 및 관련 가이드라인에서 제시된 시험시공 절차에 따라 지능형 다짐 시스템을 운용하여 데이터를 수집하고, 현장 시험 결과(평판재하 등)와 지능형 다짐값과의 지능형 다짐값과의 회귀분석을 통해 목표 ICMV값(본 시공 다짐 관리 기준)을 산정하는 작업이다.
② '2. 지능형 다짐공 시험시공 및 다짐기준수립 품'은 상기 과업을 위한 시험장 준비(성토재 포설, 평탄화, 측량) 및 IC 장비 운용, 데이터 수집에 필요한 인력과 장비를 기준으로 한다.
③ 현장 시험 비용(예: 평판재하시험, 들밀도시험 등)은 별도 계상한다.
④ 시험 시공 부지 조성을 위한 토사 반입 비용은 별도 계상한다.
⑤ 시험 시공은 본 시공 착수 전 1회 수행을 기준으로 하나, 토질 변경 시 또는 공사감독관의 판단에 따라 목표 ICMV 값 재조정을 위한 시험 시공을 관련 시방서 절차에 따라 추가적으로 수행할 수 있다.

구분	현 행	개 정(안)	비고
- 신설		3. 지능형 다짐공 본시공 작업능력 (아래 표 및 주 참조)	

3. 지능형 다짐공 본시공 작업능력

(일당)

구분	규격	단위	수량	시공량 (㎥)	
				두께 30cm	두께 20cm
특별인부	–	인	1	1,250	850
모터그레이더(일반용)	3.6m	대	1		
IC 진동롤러 (자주식)	10.0ton	대	1		
굴착기	0.6m3	대	1		
물탱크 (살수차)	16,000 L	대	0.5		

[주] ① 본 품은 다짐 롤러에 GNSS, 가속도계, 전용 제어기 및 표시 장치로 구성된 지능형 다짐(IC) 시스템을 장착하여 실시간 다짐 관리(다짐 횟수, 다짐 강도 등)를 수행하는 경우에 적용한다.
② 본 품은 토공 장비에 의한 포설, 다짐, 실시간 다짐 관리, 데이터 기록 및 재료의 함수비 조절을 위한 살수 작업을 포함한다.
③ 본 품의 토량은 체적환산계수를 기 반영한 것으로 다짐 상태의 토량에 적용한다.
④ 본 품은 시공 면적이 2,000㎡ 이상이고 최소 폭 8m 이상인 도로, 철도, 단지조성 등의 노체 및 노상 다짐에 적용을 권장한다.
⑤ 지능형 다짐 시스템의 기계경비는 제8편 건설기계의 관련 규정에 따라 주 장비(다짐 롤러)의 기계경비와는 별도로 가산하여 계상한다.
⑥ 데이터 분석 및 관리를 위한 S/W, 클라우드 서버 등 플랫폼 사용료가 발생하는 경우 경비 항목에 별도 계상한다.
⑦ IC를 사용시 주연료에 15% 할증을 적용한다.

– [공통] 제4장 조경공사 –

<table>
<tr><th>구분</th><th>현　　행</th><th>개　　정(안)</th><th>비고</th></tr>
<tr><td>- 신설</td><td>- 항목 신설 -</td><td>4-4 조경시설물
4-4-6 인공식재지 배수판 설치
(일당)
<table><tr><th>구 분</th><th>단위</th><th>수량</th><th>시공량(㎡)</th></tr><tr><td>조 경 공</td><td>인</td><td>2</td><td rowspan="2">210</td></tr><tr><td>보 통 인 부</td><td>인</td><td>1</td></tr></table>[주] ① 본 품은 옥상 등 콘크리트 상부에 인공식재지 조성을 위한 조경용 배수판(규격 0.5㎡이하)을 설치하는 경우에 적용한다.
② 본 품은 배수판 절단 및 설치, 뒷정리 작업을 포함한다.
③ 방근층 및 여과층은 필요시 별도 계상한다.</td><td></td></tr>
</table>

– [공통] 제5장 기초공사 –

구분	현 행	개 정(안)	비고
- 보완	(see below)	(see below)	

현 행

5-1 흙막이 및 물막이

5-1-1 P.P마대 및 톤마대 쌓기·헐기('09, '14, '21년 보완)

(10개당)

구 분	규격	단위	P.P 마대(0.024㎥/개)			톤마대(0.7㎥/개)		
			만들기	쌓기	헐기	만들기	쌓기	헐기
보 통 인 부		인	0.15	0.06	0.06	0.38	0.18	0.18
특 별 인 부		인	-	-	-	-	0.09	0.09
굴 삭 기	0.2㎥	hr	-	-	-	1.34	-	-
굴 삭 기	1.0㎥	hr	-	-	-	-	0.7	0.7

[주] 본 품은 P.P마대 및 톤마대의 만들기, 쌓기, 헐기하는 기준이며, 토사 채움을 기준한다.

개 정(안)

5-1 흙막이 및 물막이

5-1-1 P.P마대 및 톤마대 쌓기·헐기

(일당)

구 분		단 위	수 량	시공량(개)		
				만들기	쌓기	헐기
P.P 마대 (0.024㎥/개)	보통인부	인	2	130	320	320
톤마대 (0.7㎥/개)	특별인부	인	1	70	110	110
	보통인부	인	2			
	굴 착 기	대	1			

[주] ① 본 품은 P.P마대 및 톤마대의 만들기, 쌓기, 헐기하는 기준이며, 토사 채움을 기준한다.
② 장비(굴착기)의 규격은 다음을 기준하나, 작업여건을 고려하여 적합한 규격을 선정하여 계상한다.

구 분	만들기	쌓기	헐기
굴착기	0.2㎥	1.0㎥	1.0㎥

구분	현 행	개 정(안)	비고
- 보완 - 신설	(see below)	(see below)	

현 행

5-1-2 H-Beam 설치

(본당)

구 분		단위	H=300~500				
			5m이하	6~8m	9~11m	12~14m	15~18m
띠장	철 골 공	인	0.16	0.18	0.21	0.23	0.25
	용 접 공	인	0.38	0.41	0.49	0.54	0.59
	보 통 인 부	인	0.14	0.15	0.18	0.19	0.21
	크 레 인	hr	0.33	0.40	0.52	0.60	0.69
버팀보	철 골 공	인	0.34	0.36	0.40	0.43	0.45
	용 접 공	인	0.17	0.19	0.20	0.22	0.23
	보 통 인 부	인	0.13	0.14	0.15	0.16	0.17
	크 레 인	hr	0.29	0.35	0.45	0.53	0.61

구 분		단위	H=600~800				
			5m이하	6~8m	9~11m	12~14m	15~18m
띠장	철 골 공	인	0.21	0.23	0.27	0.29	0.32
	용 접 공	인	0.48	0.54	0.62	0.68	0.74
	보 통 인 부	인	0.17	0.19	0.22	0.24	0.27
	크 레 인	hr	0.42	0.51	0.66	0.77	0.81
버팀보	철 골 공	인	0.43	0.46	0.51	0.54	0.58
	용 접 공	인	0.22	0.24	0.26	0.28	0.29
	보 통 인 부	인	0.16	0.17	0.19	0.20	0.22
	크 레 인	hr	0.36	0.44	0.57	0.67	0.77

[주] **① 본 품은 수평지보공(H-Beam)의 띠장 및 버팀보 설치 품이다.**
② 본 품은 소운반, H-Beam 가공, 연결재, 보강재, 충전재의 설치작업을 포함한다.
~~③ 연결재, 보강재, 충전재의 현장 가공 및 제작은 제외되어 있다.~~
④ H-Beam 설치를 위한 받침재 및 브레이싱 설치는 별도 계상한다.
⑤ 소모재료는 설계수량에 따라 별도 계상한다.
⑥ 공구손료 및 경장비(용접기 등)의 기계경비는 인력품의 3%를 계상한다.
~~⑦ 크레인은 크레인(타이어) 25ton급을 기준하며, 작업여건에 따라 변경할 수 있다.~~
~~⑧ 본 품의 적용범위는 다음을 참고한다.~~

적용 항목	적용 범위	미적용 범위
사전작업 (제작장 작업)	· H-Beam 현장 절단 · 잭 및 연결재(쐐기 등)의 H-Beam 연결(볼트 연결) (구멍뚫기 제외)	· H-Beam 마감판 가공 및 접합 * 마감판 보강재 용접 포함 · 연결재, 보강재, 충전재 제작 · 연결재 구멍뚫기
H-Beam 현장설치	· H-Beam 이음 * 띠장 : 연결재 용접 * 버팀보 : 볼트/용접 이음 · H-Beam 연결(볼트 연결) * H-Beam 구멍뚫기 포함	· 브라켓 설치 * 피스브라켓 및 보걸이 · 브레이싱 설치
보강재 설치	· 띠장 : 보강재, 충전재 설치 · 버팀보 : 보강재 설치	-

개 정(안)

5-1-2 H-Beam 설치(띠장)

(일당)

구분	단위	수량	규격(m)	시공량(m)	
				H=250~500	H=600~800
철 골 공	인	2	5m이하	50	45
용 접 공	인	3	6~8m	65	55
보 통 인 부	인	1	9~11m	80	65
크 레 인	대	1	12~14m	90	75
			15~18m	100	85

[주] **① 본 품은 수평지보공(H-Beam)의 띠장 설치 품이다.**
② 본 품은 소운반, H-Beam 가공, 연결재, 보강재, 충전재의 제작 및 설치작업을 포함한다.
③ H-Beam 설치에 필요한 받침재(피스브라켓 및 보걸이) 및 브레이싱 제작 및 설치는 별도 계상한다.
④ 소모재료는 설계수량에 따라 별도 계상한다.
⑤ 공구손료 및 경장비(용접기 등)의 기계경비는 인력품의 3%를 계상한다.
⑥ 장비(크레인)의 규격은 작업여건(시공높이, 시공위치 등) 및 안전율(적정하중, 작업반경 등)을 고려하여 적합한 규격을 적용한다.

5-1-3 H-Beam 설치(버팀보)

(일당)

구분	단위	수량	규격(m)	시공량(본)	
				H=250~500	H=600~800
철 골 공	인	3	5m이하	12	10
용 접 공	인	2	6~8m	11	9
보 통 인 부	인	1	9~11m	10	8
크 레 인	대	1	12~14m	9	7
			15~18m	8	6

[주] **① 본 품은 수평지보공(H-Beam)의 버팀보 설치 품이다.**
② 본 품은 소운반, H-Beam 가공, 연결재, 보강재, 충전재의 제작 및 설치작업을 포함한다.
③ H-Beam 설치에 필요한 받침재(피스브라켓 및 보걸이) 및 브레이싱 제작 및 설치는 별도 계상한다.
④ 소모재료는 설계수량에 따라 별도 계상한다.
⑤ 공구손료 및 경장비(용접기 등)의 기계경비는 인력품의 3%를 계상한다.
⑥ 장비(크레인)의 규격은 작업여건(시공높이, 시공위치 등) 및 안전율(적정하중, 작업반경 등)을 고려하여 적합한 규격을 적용한다.

구분	현 행	개 정(안)	비고

- 보완
- 신설

현 행

5-1-3 H-Beam 철거

(본당)

구 분		단 위	H=300~500				
			5m이하	6~8m	9~11m	12~14m	15~18m
띠장	철 골 공	인	0.10	0.11	0.13	0.14	0.15
	용 접 공	인	0.23	0.26	0.29	0.32	0.35
	보 통 인 부	인	0.08	0.09	0.11	0.12	0.13
	크 레 인	hr	0.23	0.28	0.36	0.42	0.49
버팀보	철 골 공	인	0.20	0.22	0.24	0.26	0.27
	용 접 공	인	0.10	0.11	0.12	0.13	0.14
	보 통 인 부	인	0.08	0.08	0.09	0.10	0.10
	크 레 인	hr	0.20	0.24	0.32	0.37	0.43

구 분		단 위	H=600~800				
			5m이하	6~8m	9~11m	12~14m	15~18m
띠장	철 골 공	인	0.12	0.14	0.16	0.18	0.19
	용 접 공	인	0.29	0.32	0.37	0.41	0.45
	보 통 인 부	인	0.10	0.12	0.13	0.15	0.16
	크 레 인	hr	0.29	0.36	0.46	0.54	0.62
버팀보	철 골 공	인	0.26	0.28	0.30	0.32	0.35
	용 접 공	인	0.13	0.14	0.16	0.17	0.18
	보 통 인 부	인	0.10	0.11	0.12	0.12	0.13
	크 레 인	hr	0.25	0.31	0.40	0.47	0.54

[주] ① 본 품은 수평지보공(H-Beam)의 띠장 및 버팀보 해체 품이다.
② 본 품은 소운반, 연결해체, H-Beam 해체, 잭, 연결재, 보강재, 충전재의 해체 작업을 포함한다.
③ 운반을 위한 H-Beam의 상차 및 운반은 제외되어 있다.
④ 받침재 및 브레이싱 해체는 별도 계상한다.
⑤ 소모재료는 설계수량에 따라 별도 계상한다.
⑥ 공구손료 및 경장비(용접기 등)의 기계경비는 인력품의 3%를 계상한다.
~~⑦ 크레인은 크레인(타이어) 25ton급을 기준하며, 작업여건에 따라 변경할 수 있다.~~
~~⑧ 본 품의 적용범위는 다음을 참고한다.~~

적용 항목	적용 범위	미적용 범위
H-Beam 현장해체	· H-Beam 이음부 및 연결부 해체 * 볼트풀기 * 용접부 해체	-
철거	· H-Beam 내리기	-
보강재 철거	· 띠 장 : 보강재, 충전재 분리 · 버팀보 : 연결재, 보강재 분리	· 마감판 해체

개 정(안)

5-1-4 H-Beam 해체(띠장)

(일당)

구분	단위	수량	규격(m)	시공량(m)	
				H=250~500	H=600~800
철 골 공	인	1	5m이하	70	55
용 접 공	인	2	6~8m	90	70
보 통 인 부	인	1	9~11m	110	85
크 레 인	대	1	12~14m	130	100
			15~18m	140	110

[주] ① 본 품은 수평지보공(H-Beam)의 띠장 해체 품이다.
② 본 품은 소운반, 연결해체, H-Beam, 잭, 연결재, 보강재, 충전재, 마감재의 해체 작업을 포함한다.
③ 운반을 위한 H-Beam의 상차 및 운반은 제외되어 있다.
④ 받침재 및 브레이싱 해체는 별도 계상한다.
⑤ 소모재료는 설계수량에 따라 별도 계상한다.
⑥ 공구손료 및 경장비(용접기 등)의 기계경비는 인력품의 3%를 계상한다.
⑦ 장비(크레인)의 규격은 작업여건(시공높이, 시공위치 등) 및 안전율(적정하중, 작업반경 등)을 고려하여 적합한 규격을 적용한다.

5-1-5 H-Beam 해체(버팀보)

(일당)

구분	단위	수량	규격(m)	시공량(본)	
				H=250~500	H=600~800
철 골 공	인	2	5m이하	16	12
용 접 공	인	1	6~8m	15	11
보 통 인 부	인	1	9~11m	13	10
크 레 인	대	1	12~14m	12	9
			15~18m	11	8

[주] ① 본 품은 수평지보공(H-Beam)의 버팀보 해체 품이다.
② 본 품은 소운반, 연결해체, H-Beam, 잭, 연결재, 보강재, 충전재, 마감재의 해체 작업을 포함한다.
③ 운반을 위한 H-Beam의 상차 및 운반은 제외되어 있다.
④ 받침재 및 브레이싱 해체는 별도 계상한다.
⑤ 소모재료는 설계수량에 따라 별도 계상한다.
⑥ 공구손료 및 경장비(용접기 등)의 기계경비는 인력품의 3%를 계상한다.
⑦ 장비(크레인)의 규격은 작업여건(시공높이, 시공위치 등) 및 안전율(적정하중, 작업반경 등)을 고려하여 적합한 규격을 적용한다.

구분	현 행	개 정(안)	비고
- 보완	5-1-4 흙막이판 설치·철거('09, '14, '21년 보완)	5-1-6 흙막이판 설치·해체	

현 행

5-1-4 흙막이판 설치·철거('09, '14, '21년 보완)

(10㎡당)

구 분	규 격	단 위	수 량	
			설 치	철 거
형 틀 목 공		인	0.73	0.58
보 통 인 부		인	0.38	0.30
굴 삭 기	0.2㎥	hr	1.92	1.54

[주] ① 본 품은 흙막이판(각재 및 강재, 높이 200mm이하)의 절단, 설치, 뒤채우기 및 마무리작업을 포함한다.

② 공구손료 및 경장비(엔진톱 등)의 기계경비와 잡재료(철선 등)는 인력품의 3%를 계상한다.

③ 흙막이판의 손율은 다음 표에 따른다.

구 분		손율(%)	비 고
~~사 용 횟 수 별~~	~~1회~~	~~50~~	~~1회당 사용기간이 3개월 미만인 경우에 적용~~
	~~2회~~	~~75~~	
	~~3회~~	~~90~~	
사 용 기 간 별	3월이상~6월미만	75	1회로서 사용기간이 3개월 이상인 경우에 적용
	6월이상~12월까지	90	
강 재	'[공통부문] 2-2-2 주요자재 / 강재류'를 적용한다.		

개 정(안)

5-1-6 흙막이판 설치·해체

(일당)

구 분	규 격	단 위	수량	시공량(㎡)	
				설 치	철 거
형 틀 목 공		인	2	30	40
보 통 인 부		인	1		
굴 착 기	0.2㎥	대	1		

[주] ① 본 품은 흙막이판(각재 및 강재, 높이 200mm이하)의 절단, 설치, 뒤채우기 및 마무리작업을 포함한다.

② 공구손료 및 경장비(절단기 등)의 기계경비는 인력품의 3%를 계상한다.

③ 흙막이판의 손율은 다음 표에 따른다.

구 분		손율(%)
목 재	사용기간 6월 미만	75
	사용기간 6월 이상	100
강 재	'[공통부문] 2-2-2 주요자재 / 강재류'를 적용한다.	

구분	현 행	개 정(안)	비고
- 보완	5-1-5 어스앵커 공법('20년 보완)	5-1-7 어스앵커 공법	

[현 행]

5-1-5 어스앵커 공법('20년 보완)

5. 인장

(일당)

구 분	규 격	단 위	수 량	시공량(개소)
중 급 기 술 자		인	1	15
보 링 공		인	1	
특 별 인 부		인	2	
보 통 인 부		인	1	
강 연 선 인 장 기	60ton	대	1	

[주] ① 본 품은 인장작업이 필요한 앵커체(강연선 4가닥 기준)의 인장작업에 적용한다.
② 본 품은 지압판 설치, 웨지조립 및 인장작업이 포함되어 있으며, 좌대는 기성제품 사용을 기준한다.
③ 인장에 필요한 좌대 설치는 다음 품을 적용한다.

(10개소당)

구 분	단 위	수 량
철 공	인	0.41
보 통 인 부	인	0.82

④ 인장을 위하여 별도의 브라켓 설치가 필요한 경우는 재료 및 품을 별도 계상한다.
⑤ 강연선 인장기 규격은 소요 긴장력을 고려하여 변경할 수 있다.
⑥ 공구손료 및 경장비(절단기, 발전기 등)의 기계경비는 인력품의 9%를 계상한다.
⑦ 소모재료는 별도 계상한다.

- 신 설 -

[개 정(안)]

5-1-7 어스앵커 공법

5. 인장

(일당)

구 분	규 격	단 위	수 량	시공량(개소)
- 현행과 동일 -				

비 고

- 좌대 설치 및 해체가 필요한 경우 다음 품을 적용한다.

(일당)

구 분	단 위	수 량	시공량(개소) 설치	시공량(개소) 해체
철 공	인	1	18	35
보 통 인 부	인	1		

[주] ① 본 품은 인장작업이 필요한 앵커체(강연선 4가닥 기준)의 인장작업에 적용한다.
② 본 품은 지압판 설치, 웨지조립 및 인장작업이 포함되어 있으며, 좌대는 기성제품 사용을 기준한다.
③ 인장을 위하여 별도의 브라켓 설치가 필요한 경우는 재료 및 품을 별도 계상한다.
④ 강연선 인장기 규격은 소요 긴장력을 고려하여 변경할 수 있다.
⑤ 공구손료 및 경장비(절단기, 발전기 등)의 기계경비는 인력품의 9%를 계상한다.
⑥ 소모재료는 별도 계상한다.

6. PC강선 제거

(일당)

구 분	규 격	단 위	수 량	시공량(개소)
특 별 인 부	-	인	1	35
보 통 인 부	-	인	1	

[주] ① 본 품은 띠장철거 후 인력에 의한 PC강선(어스앵커, 20m 이하) 제거 작업을 기준한다.
② 본 품은 강선타격, 회전, 제거 및 현장정리 작업을 포함한다.
③ 작업을 위한 비계설치 등 발판설치 작업은 별도 계상한다.
④ 공구손료 및 경장비(절단기 등)의 기계경비는 인력품의 3%를 계상한다.

<table>
<tr><th>구분</th><th>현 행</th><th>개 정(안)</th><th>비고</th></tr>
<tr><td>- 신설</td><td>- 항목 신설 -</td><td>5-1-9 주열식 현장벽체공법(CIP,Cast In Placed Pile)
1. 적용범위
① 본 품은 말뚝구경 D400~600mm의 주열식 현장벽체공법(CIP,Cast In Placed Pile) 작업에 적용한다.
② 본 품은 장비조립 및 해체, 천공, 철근망 및 H-형강 말뚝 근입, 콘크리트 타설 작업을 포함하며, 품 적용범위는 다음과 같다.
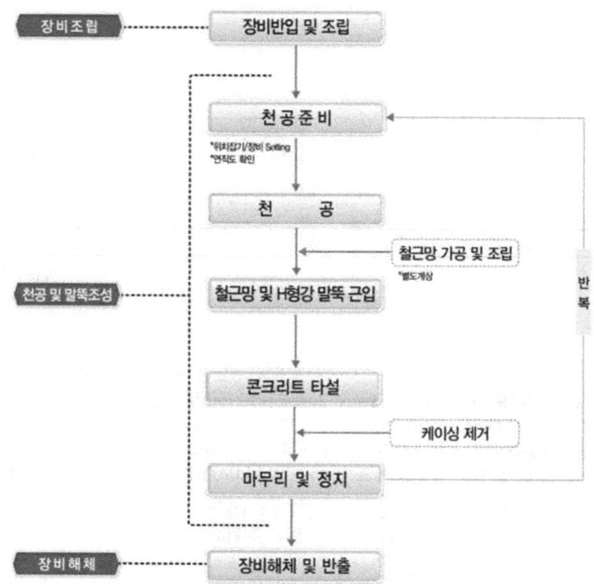
</td><td></td></tr>
</table>

구분	현 행	개 정(안)	비고

2. 장비조립·해체

(회당)

구 분		단 위	외부 반입/반출	작업구간 이동
기계설비공		인	1	1
철공		〃	2	2
특별인부		〃	1	1
크레인		대	1	1
소요일수	조립	일	3.0	1.5
	해체	〃	1.0	0.5
비고		- 파일천공 전용장비의 리더부가 30m를 초과하는 경우 조립과 해체의 소요일수를 각 0.5일 추가 계상한다.		

[주] ① 본 품은 파일천공 전용장비(리더부(30m이하) 포함)를 1회 조립 및 해체하는 기준이며, 시공조건(외부 반출/반입, 작업구간 내 해체 후 이동조립)에 따라 조립·해체를 반복 적용한다.
② 공구손료 및 경장비(발전기, 전동드릴 등)의 기계경비는 인력품의 3%로 계상한다.
③ 장비(크레인)의 규격은 작업여건(시공높이, 시공위치 등) 및 안전율(적정하중, 작업반경 등)을 고려하여 적합한 규격을 적용한다.

3. 인력편성

직 종	단 위	수 량
보링공	인	1
콘크리트공	〃	1
특별인부	〃	1
용접공	〃	0.5

구분	현 행	개 정(안)	비고

4. 장비편성

구분		규격	단위	수량	비고
파일천공전용장비		40~135ton	대	1	리더포함
오거	스크류	59.68~149.2㎾	〃	1	-
	케이싱	59.68~149.2㎾	〃	1	케이싱사용시
발전기		450㎾	〃	1	오거 구동용
공기압축기	오거비트	21㎥/min	〃	1	-
	해머비트	25.5㎥/min	〃	1~2	천공조건 반영
굴착기		0.2㎥	〃	1	콘크리트 타설/배토처리
크레인		50ton	〃	1	철근망 및 파일 근입
비고		- 시공조건(동일 작업장 내 2대 이상의 파일천공전용장비 운영, 타공종과 병행시공 등)에 따라 투입장비 및 수량(적용시간)을 변경하여 적용한다. - 트레미파이프를 활용한 콘크리트 타설을 기준으로 하며, 콘크리트 펌프차를 사용할 경우 기계경비는 별도 계상한다.			

[주] ① 부속장비(용접기, 발전기 등)의 기계경비 및 소모자재(용접봉, 오거스크류, 케이싱, 트레미파이프 등) 손료는 '3. 인력편성' 노무비에 다음 요율을 계상한다.

구분	부속장비	소모자재
요율(%)	2%	24%

② 해머비트(개량형 비트 포함)의 손료는 별도 계상한다.
③ 전용장비 규격의 기준은 다음과 같다.

말뚝직경(㎜)	천공길이(m)	파일천공 전용장비(ton)	오거(㎾)
500미만	20미만	60	59.68~89.52
	20이상	100	89.52~111.90
500이상	20미만	100이하	89.52~111.90
	20이상	100~135이하	111.90

※ 현장 작업조건 및 말뚝의 종류/중량 등을 고려하여 장비조합을 변경할 수 있다.
※ 전용장비의 규격은 최대운전 하중을 기준으로 한 것이다.

구분	현 행	개 정(안)	비고

5. 작업소요시간(본당)

구 분	개 요	산출방법
T	작업 소요시간	$T=(t_1+t_2+t_3+t_4)/f$
t_1	준비시간(이동 / 위치잡기)	3 min
t_2	천공시간	t_2 : $\sum(L_1 \times a_1)$ L_1 : 지층별 굴착연장 a_1 : 지층별 굴착시간(m당)
t_3	철근망 및 H-형강말뚝 근입	2 min
t_4	콘크리트 타설	(아래 표 참조)
f	작업계수	0.8

t_4 콘크리트 타설:

구분	말뚝길이		
	10m미만	10~20m	20m~30m
소요시간(min)	3	5	7

◦ 지층별 굴착시간(a_1)

(min/m)

구 분	말뚝직경 (㎜)	토사		풍화암	연암	경암	혼합층
		점질토	사질토				
오거비트	500미만	0.74	0.96	4.08	-	-	-
	500이상	0.91	1.18	4.99	-	-	-
개량형비트	500미만	0.74	0.96	3.80	-	-	3.28
	500~600	0.91	1.18	4.61	-	-	4.01
해머비트	500미만	-	-	3.66	8.56	11.93	-
	500~600	-	-	4.48	10.48	14.61	-

※ 개량형비트는 오거비트와 해머비트가 복합된 비트이며, 혼합층(호박돌, 전석발생 등 지질 특성으로 오거비트에 의한 굴착이 어렵거나 작업효율의 현저한 저하가 예상되는 경우)에서 적용 가능하다.

구분	현 행	개 정(안)	비고
- 신설	- 항목 신설 -	**5-1-10 차수그라우팅** 1. 적용범위 ① 본 품은 지반에 천공(D50mm이하) 후, 선단부에 부착한 주입장치에 의해 저압으로 그라우팅하는 차수공법에 적용한다. ② 본 품은 장비조립 및 해체, 천공, 그라우트 주입 작업 작업을 포함하며, 품 적용범위는 다음과 같다. 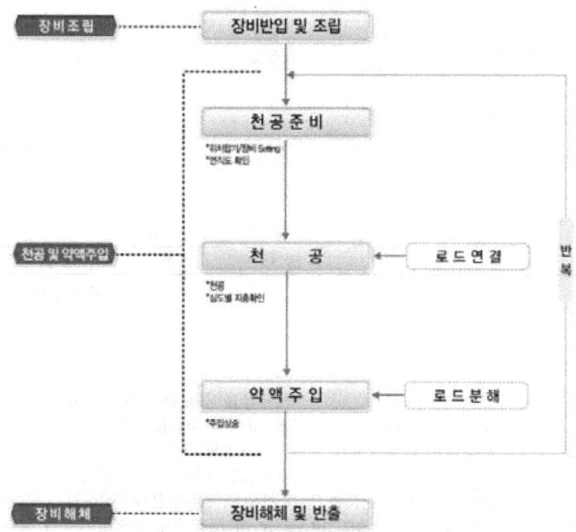	

구분	현 행	개 정(안)	비고

2. 장비조립·해체

(회당)

구 분		단 위	외부 반출/반입	작업구간 이동
기계설비공		인	1	1
철공		〃	2	2
특별인부		〃	1	1
크레인		대	1	1
소요일수	조립	일	2.5	1.5
	해체	〃	1	0.5

[주] ① 본 품은 시공장비(전용장비 조립 및 부대설비(그라우팅 시스템 등) 설치)를 1회 조립 및 해체하는 기준이며, 시공조건(외부 반출/압입, 작업구간 내 해체 후 이동조립 등)에 따라 조립·해체가 반복되는 경우 추가 계상한다.
② 공구손료 및 경장비(발전기, 전동드릴 등)의 기계경비는 인력품의 3%로 계상한다.
③ 장비(크레인)의 규격은 작업여건(시공높이, 시공위치 등) 및 안전율(적정하중, 작업반경 등)을 고려하여 적합한 규격을 적용한다.

3. 천공

가. 인력 및 장비편성

구분	단 위	수 량
보링공	인	1
특별인부	〃	1
보통인부	〃	1
차수그라우팅천공장비	대	1

[주] ① 부속장비의 기계경비(양수기, 용접기 등) 및 소모자재(로드, 호스 등) 손료는 '3. 인력편성' 노무비에 다음 요율을 계상한다.

구분	부속장비	소모자재
요율(%)	2%	5%

② 차수그라우팅 천공장비의 기계경비는 별도 계상한다.

나. 천공시간

T (작업시간) : $\sum(L_1 \times t_1) / f$

L_1 : 지층별 천공연장

t_1 : 지층별 천공시간 : 2min/m

※ 본 품은 전용 천공장비를 활용하여 토사를 천공하는 기준이다.

f(작업계수) : 0.8

구분	현 행	개 정(안)	비고

4. 그라우트 주입

(일당)

구분	규격	단위	수량	시공량 (㎥)
기계설비공		인	1	18
특별인부		인	2	
보통인부		인	1	
그라우팅 펌프	30~60ℓ/min	대	5	
발전기	150kW	대	1	
자동화 믹서플랜트	-	대	1	

[주] ① 본 품은 5대의 펌프를 활용하여 5공을 동시 주입하는 기준이다.
② 그라우트재 배합, 주입, 로드인발 및 정리, 주입기구 해체 작업을 포함한다.
③ 물 공급을 위해 살수차 등의 장비가 필요한 경우 기계경비는 별도 계상한다.
④ 부속장비(양수기, 유압잭 등)의 기계경비 및 소모자재(용접봉, 호스 등) 손료는 '3. 인력편성' 노무비에 다음 요율을 계상한다.

구분	부속장비	소모자재
요율(%)	8%	2%

⑤ 소모재료(시멘트, 혼화재, 물)는 별도 계상한다.

구분	현 행	개 정(안)	비고
– 신설	– 항목 신설 –	5-1-11 직선형 기준틀 설치 및 해체 (아래 참조)	
– 보완	8-2-24 진동파일 해머('96년 보완) (아래 참조)	8-2-24 진동파일 해머 (아래 참조)	

– 신설

현 행: – 항목 신설 –

개 정(안):

5-1-11 직선형 기준틀 설치 및 해체

(일당)

구 분	단 위	수량	시공량(2열,m)
철 공	인	2	50
보 통 인 부	인	1	
크 레 인	대	0.5	

[주] ① 본 품은 직선형 기준틀(2열)의 설치 및 해체 작업을 기준한다.
② 본 품은 위치선정, 기준틀 설치 및 해체 작업을 포함한다.
③ 기준틀 설치에 필요한 H-파일박기 및 뽑기는 별도 계상한다.
④ 공구손료 및 경장비(용접기 등)의 기계경비는 인력품의 3%를 계상한다.

– 보완

현 행:

8-2-24 진동파일 해머('96년 보완)

2. 강널말뚝

바. 기타

(1) 전기 용접이 필요한 경우 용접기와 용접공(대당 1인)을 2인 범위 내에서 별도 계상한다.

~~(2) 직선형 기준틀 제작~~

비 계 공	보 통 인 부	비 고
3	2	10m 1조당(H형강 4개)

~~(3) 직선형 기준틀 사용이 곤란할 경우 현장여건에 따라 별도 계상한다.~~

(4) 필요한 경우 쐐기형 강널말뚝을 강널말뚝 30본당 1본을 추가 적용할 수 있다. 이 경우 쐐기형 강널말뚝 제작비는 별도 계상하며 쐐기형 Sheet Pile은 5회 사용하는 것으로 한다.

개 정(안):

8-2-24 진동파일 해머

2. 강널말뚝

바. 기타

(1) 전기 용접이 필요한 경우 용접기와 용접공(대당 1인)을 2인 범위 내에서 별도 계상한다.

(2) 직선형 기준틀 설치 및 해체가 필요한 경우 '[공통]5-1-11 직선형 기준틀 설치 및 해체'를 따른다.

(2) 필요한 경우 쐐기형 강널말뚝을 강널말뚝 30본당 1본을 추가 적용할 수 있다. 이 경우 쐐기형 강널말뚝 제작비는 별도 계상하며 쐐기형 Sheet Pile은 5회 사용하는 것으로 한다.

구분	현행	개정(안)	비고
- 보완	(아래 현행 참조)	(아래 개정(안) 참조)	

현행

5-2 연약지반처리

5-2-1 매트부설('08, '16, '18, '21년 보완)

(100㎡당)

구 분	규 격	단 위	육상			수중	
			사면	연약지반		사면	연약지반
				도로/철도	매립지		
특 별 인 부		인	0.07	0.09	0.10	0.16	0.24
보 통 인 부		인	0.04	0.05	0.05	0.12	0.12
잠 수 조		조		-	-	0.08	0.15
굴 삭 기	0.4㎥	hr	0.10	0.15	0.19		

[주] ① 본 품은 연약지반 및 호안등사면에 합성수지 계통 토목섬유 매트의 포설 및 봉합작업을 기준한 것이다.
② 본 품은 매트부설, 매트봉합 및 마무리 작업이 포함된 것이다.
③ 수중매트 부설에 따른 선박 등 기계경비는 별도 계상한다.
④ 항만 매립지 등에서 토질 특성으로 인해 시공장비 개선(철판, 연결로프 등 사용) 또는 특수장비를 활용한 시공이 필요한 별도 계상한다.
⑤ 수중부설의 수심은 10m 이하를 기준한 것이며, 수심이 10m 이상일 경우 현장조건에 따라 조정 적용한다.
⑥ 조수 및 파랑 등의 현장 조건에 따라 본 품을 조정 적용할 수 있다.
⑦ 공구손료 및 경장비(봉합기)의 기계경비는 인력품의 4%로 계상한다.
⑧ 장비(굴착기) 규격은 현장조건을 고려하여 적용한다.

[참고자료]
- 매트고정이 필요한 경우 재료량은 다음을 참고한다.

(100㎡당)

구 분	매트 (㎡)	P.P로프(9㎜) (m)	모래주머니 (개)	철근(19㎜) (m)
육 상 부 설	110	98	64	19
수 중 부 설	115	53	38	11

※ 재료량은 할증이 포함되어 있다.

개정(안)

5-2 연약지반처리

5-2-1 매트부설

(일당)

구 분		규 격	단 위	수 량	시공량(㎡)		
					사면	연약지반 (도로/철도)	연약지반 (매립지)
육 상	특별인부		인	3	4,800	3,600	3,200
	보통인부		인	1			
	굴 착 기	0.4㎥	대	1			
수 중	특별인부		인	2	1,150	700	
	보통인부		인	1			
	잠 수 조	-	조	1			

[주] ① 본 품은 연약지반 및 호안등사면에 합성수지 계통 토목섬유 매트의 포설 및 봉합작업을 기준한 것이다.
② 본 품은 매트부설, 매트봉합 및 마무리 작업이 포함된 것이다.
③ 수중매트 부설에 따른 선박 등 기계경비는 별도 계상한다.
④ 항만 매립지 등에서 토질 특성으로 인해 시공장비 개선(철판, 연결로프 등 사용) 또는 특수장비를 활용한 시공이 필요한 별도 계상한다.
⑤ 수중부설의 수심은 10m 이하를 기준한 것이며, 수심이 10m 이상일 경우 현장조건에 따라 조정 적용한다.
⑥ 조수 및 파랑 등의 현장 조건에 따라 본 품을 조정 적용할 수 있다.
⑦ 공구손료 및 경장비(봉합기)의 기계경비는 인력품의 4%로 계상한다.
⑧ 장비(굴착기) 규격은 현장조건을 고려하여 변경할 수 있다.

[참고자료]
- 매트고정이 필요한 경우 재료량은 다음을 참고한다.

(100㎡당)

구 분	매트 (㎡)	P.P로프(9㎜) (m)	모래주머니 (개)	철근(19㎜) (m)
육 상 부 설	110	98	64	19
수 중 부 설	115	53	38	11

※ 재료량은 할증이 포함되어 있다.

구분	현 행	개 정(안)	비고
- 보완	(아래 현행 참조)	(아래 개정(안) 참조)	

현 행

5-2-2 고압분사 주입공법

1. 적용범위 / 2. 장비 조립·해체 / 3. 인력편성 /

– 내용생략–

4. 장비편성

명 칭		규 격	단 위	수 량	천공 토사	천공 자갈/호박돌	분사주입
선 천 공	유압식 크롤러드릴	110㎾	대	1	-	○	-
	케 이 싱		식	1	-	○	-
분 사 주 입	고압분사전용장비	고압분사용	대	1	○	-	○
	초 고 압 펌 프	200~400kg/㎠	〃	1~2	○	-	○
	공 기 압 축 기	10.3㎥/min	〃	1	○	-	○
	발 전 기	150㎾	〃	1	○	-	○
	자동화 믹서플랜트	0.5㎥	〃	1	○	-	○
굴 착 기		0.4㎥	〃	1	○	○	○

[주] ① 부속장비(사일로, 호스, 양수기, 모터 등)의 경비는 '3. 인력편성' 노무비에 다음 요율을 계상한다.

구 분	선천공 미수행시	선천공 수행시
요 율 (%)	19	13

② 기종의 선정은 다음을 기준한다.

지질특성	시공유형	고압분사 전용장비	유압식 크롤러드릴
점 토 / 모 래	천공	○	-
	분사+주입	○	-
자 갈 / 호 박 돌	천공	-	○
	분사+주입	○	-

※ 현장작업조건을 고려하여 장비조합 및 규격을 변경할 수 있다.

개 정(안)

5-2-2 고압분사 주입공법

1. 적용범위 / 2. 장비 조립·해체 / 3. 인력편성

– 내용생략–

4. 장비편성

구 분		규 격	단 위	수 량	천공 토사	천공 자갈/호박돌	분사주입
선 천 공	유압식 크롤러드릴	110㎾	대	" 현행과 동일 "			
	케 이 싱		식				
분 사 주 입	고압분사전용장비	고압분사용	대				
	초 고 압 펌 프	200~400kg/㎠	〃				
	공 기 압 축 기	10.3㎥/min	〃				
	발 전 기	150㎾	〃				
	자동화 믹서플랜트	0.5㎥	〃				
굴 착 기		0.4㎥	〃				

[주] ① 부속장비(사일로, 호스, 양수기, 모터 등)의 기계경비 및 소모자재(로드, 용접봉, 호스 등) 손료는 **'3. 인력편성' 노무비에 다음 요율을 계상한다.**

구 분		선천공 미수행	선천공 수행
요 율(%)	부속장비	15	11
	소모자재	3	3

② 기종의 선정은 다음을 기준한다.

지질특성	시공유형	고압분사 전용장비	유압식 크롤러드릴
점 토 / 모 래	천공	○	-
	분사+주입	○	-
자 갈 / 호 박 돌	천공	-	○
	분사+주입	○	-

※ 현장작업조건을 고려하여 장비조합 및 규격을 변경할 수 있다.

구분	현 행	개 정(안)	비고
	[참고자료] (tables below)	- 삭 제-	

[참고자료]

가. 2중관주입공법(J.S.P) 지층별 재원

(1본당)

구 분	단 위	점 토 층		모래층			자갈층·호박돌층	비 고
		N 0~2	N 3~5	N 0~4	N 5~15	N 16~30		
유 효 직 경	m	1.0	0.8	1.2	1.0	0.8	0.8	
단위 분사량	ℓ/분	160	160	160	160	160	160	
시 멘 트 량	kg/m	351	401	351	401	451	451	
물	ℓ	351	401	351	401	451	451	

나. 분사주입 재료비

(시간당)

종 별	규 격	단 위	수 량	비 고
더 블 쉬 벨 본 체	3.0m	개	0.072	
더 블 쉬 벨 부 품		조	0.240	
더 블 로 드		본	0.072	
N . J . V 본 체		개	0.090	
N . J . V 부 품		조	0.240	
노 즐		조	0.240	

[주] 분사 재료비는 분사주입 시간(T_2)에 적용한다.

다. 천공 재료비

(시간당)

종 별	규 격	단 위	수 량	
			점토층	모래층
메 탈 크 라 운 비 트		개	0.023	0.019
더 블 쉬 벨 본 체		〃	0.003	0.003
더 블 쉬 벨 부 품		조	0.023	0.020
더 블 로 드		본	0.007	0.006
N . J . V 본 체		개	0.003	0.003
노 즐		〃	0.002	0.002

[주] ① 본 품은 고압분사전용장비에 의한 천공에 적용한다.
② 유압식크롤러드릴의 천공에 소요되는 케이싱 및 비트 손료는 별도 계상한다.

구분	현 행	개 정(안)	비고
- 보완	(see below)	(see below)	

[현 행]

5-2-3 플라스틱 보드 드레인(PBD)

1. 적용범위 / 2. 장비조립·해체

- 내용생략-

3. 장비 및 인력편성

구 분	명 칭	규 격	단 위	수 량
인 력	특 별 인 부		인	2
	보 통 인 부		〃	1
장 비	P B D 천 공 기	147kW, 38m(리더길이)	대	1

[주] ① 부속장비(자동기록기, 계측기, 맨드릴 등)의 경비는 '인력편성' 노무비에 15%를 계상한다.

② 재료량(앵커, 드레인 보드(재료할증 4%))은 설계수량을 따른다.

4. 작업능력

- 내용생략-

[개 정(안)]

5-2-3 플라스틱 보드 드레인(PBD)

1. 적용범위 / 2. 장비조립·해체

- 내용생략-

3. 장비 및 인력편성

구 분	규 격	단 위	수 량
특 별 인 부		인	2
보 통 인 부		〃	1
P B D 천 공 기	147kW, 38m(리더길이)	대	1

[주] ① 부속장비(자동기록기, 계측기, 맨드릴 등)의 경비는 '인력편성' 노무비에 다음 요율을 계상한다.

구 분	부속장비	소모자재
요 율(%)	13	3

② 재료량(앵커, 드레인 보드(재료할증 4%))은 설계수량을 따른다.

4. 작업능력

- 내용생략-

구분	현행	개정(안)	비고
- 보완	(see below)	(see below)	

현행

5-2-4 다짐말뚝('15, '21년 보완)

1. 적용범위 / 2. 장비조립·해체 / 3. 인력편성

- 내용생략-

4. 장비편성

구 분	규 격		단 위	수 량	작업시간
	ℓ=20m이하	ℓ=20m~35m			
다짐말뚝 전용장비	100ton	120ton	대	1	T
진동파일해머	90㎾	120㎾	대	1	T
공기압축기	17.0㎥	21.0㎥	대	1	T
발전기	350㎾	350㎾	〃	1	T
로더	1.34㎥	1.34㎥	〃	1	T

[주] 부속장비(스킵버킷, 공기탱크, 자동기록장치 등)의 기계경비 및 소모자재(용접봉, 호스 등)는 '3. 인력편성' 노무비의 9%를 계상한다.

5. 작업소요시간(본당)

$T = (T_1 + T_2)/f$ (min/본)

T_1(준비시간) : 2min(본 작업전 이동, 위치잡기)

T_2(시공시간) : $L_1 \times t_1$

L_1 : 타설길이

t_1 : 타설시간 : 1min

f(작업계수) : 0.8

개정(안)

5-2-4 다짐말뚝

1. 적용범위 / 2. 장비조립·해체 / 3. 인력편성

- 내용생략-

4. 장비편성

구 분	규 격		단 위	수 량	작업시간
	ℓ=20m이하	ℓ=20m~35m			
다짐말뚝 전용장비	100ton	120ton	"현행과 동일"		
진동파일해머	90㎾	120㎾			
공기압축기	17.0㎥	21.0㎥			
발전기	350㎾	350㎾			
로더	1.34㎥	1.34㎥			

[주] 부속장비(스킵버킷, 공기탱크, 자동기록장치 등)의 기계경비 및 소모자재(용접봉, 호스 등) 손료는 '3. 인력편성' 노무비에 다음 요율을 계상한다.

구 분	부속장비	소모자재
요 율(%)	9	3

5. 작업소요시간(본당)

$T = (T_1 + T_2)/f$ (min/본)

T_1(준비시간) : 2min(본 작업전 이동, 위치잡기)

T_2(시공시간) : $L_1 \times t_1$

L_1 : 타설길이

t_1 : 타설시간 : 1min

f(작업계수) : 0.8

구분	현 행	개 정(안)	비고
- 보완	(see below)	(see below)	

현 행

5-3 말뚝

5-3-1 기성말뚝 기초

1. 적용범위

- 내용생략 -

2. 장비조립·해체

(회당)

구 분		단 위	수 량	
			외부 반출/반입	작업구간내 이동
기 계 설 비 공		인	1	1
철 공		〃	2	2
특 별 인 부		〃	1	1
크 레 인		대	1	1
소 요 일 수	조 립	일	3	2
	해 체	〃	1.5	1

[주] ① 본 품은 기성말뚝 시공장비(파일천공전용장비 및 그라우팅 시스템 등)를 1회 조립 및 해체하는 기준이며, 시공조건(외부 반출/반입, 작업구간 내 해체 후 이동조립 등)에 따라 조립·해체를 반복 적용한다.

② 말뚝이음을 위한 서비스케이싱 천공 및 설치는 별도 계상한다.
③ 크레인 규격은 양중능력 및 현장조건을 고려하여 적용한다.

3. 인력편성

- 내용생략 -

개 정(안)

5-3 말뚝

5-3-1 기성말뚝 기초

1. 적용범위

- 내용생략 -

2. 장비조립·해체

(회당)

구 분		단 위	외부 반출/반입	작업구간내 이동
기 계 설 비 공		인	1	1
철 공		〃	2	2
특 별 인 부		〃	1	1
크 레 인		대	1	1
소 요 일 수	조 립	일	3	2
	해 체	〃	1.5	1
비 고		- 파일천공 전용장비의 리더부가 30m를 초과하는 경우 조립과 해체의 소요일수를 각 0.5일 추가 계상한다.		

[주] ① 본 품은 기성말뚝 시공장비(파일천공전용장비 및 그라우팅 시스템 등)를 1회 조립 및 해체하는 기준이며, 시공조건(외부 반출/반입, 작업구간 내 해체 후 이동조립 등)에 따라 조립·해체를 반복 적용한다.
② 공구손료 및 경장비(발전기, 전동드릴 등)의 기계경비는 인력품의 3%로 계상한다.
③ 말뚝이음을 위한 서비스케이싱 천공 및 설치는 별도 계상한다.
④ 장비(크레인)의 규격은 작업여건(시공높이, 시공위치 등) 및 안전율(적정하중, 작업반경 등)을 고려하여 적합한 규격을 적용한다.

3. 인력편성

- 내용생략 -

구분	현 행	개 정(안)	비고

현 행

4. 장비편성

구 분		규 격	단 위	수 량	비 고
파일천공전용장비		40~135ton	대	1	리더포함
오 거	스 크 류	59.68~149.2㎾	〃	1	-
	케 이 싱	59.68~149.2㎾	〃	1	케이싱사용시
발 전 기		450㎾	〃	1	오거 구동용
발 전 기		100㎾	〃	1	믹서플랜트 구동용
발 전 기		50㎾	〃	1	용접용
공 기 압 축 기	오거비트	21㎥/min	〃	1	-
	해머비트	25.5㎥/min	〃	1~2	천공조건 반영
지 게 차		5ton	〃	1	파일운반
굴 삭 기		0.2㎥	〃	1	배토처리
크 레 인		50ton	〃	1	말뚝근입/운반
비 고	- 시공조건(말뚝이음 유무, 동일 작업장에 2대 이상의 파일천공전용장비 가동, 타공종과 병행사용 등)에 따라 투입장비 및 수량(적용시간)을 변경하여 적용한다.				

[주] ① 부속장비(그라우팅 장비, 용접장비, 드롭해머 등)의 경비는 '3. 인력편성' 노무비에 다음 요율을 계상한다.

구 분	단말뚝	이음말뚝
요 율 (%)	16	13

② 소모자재(용접봉, 오거스크류, 오거헤드, 케이싱 등) 등의 손료는 '3. 인력편성' 노무비에 다음 요율을 계상한다.

구 분	단말뚝(%)	이음말뚝(%)
케이싱 사용시	28	30
케이싱 미 사용시	22	25

※ 해머비트(개량형 비트 포함)의 손료는 별도 계상한다.

③ 전용장비 규격의 기준은 다음과 같다.

말뚝직경(㎜)	천공길이(m)	파일천공 전용장비(ton)	오거(㎾)
500미만	20미만	100이하	59.68~89.52
	20이상		89.52~111.90
500~600미만	20미만	100이하	89.52~111.90
	20이상	100~135이하	111.90
600이상	-	120~135이하	111.9~149.2

※ 현장작업조건 및 말뚝의 종류/중량 등을 고려하여 장비조합을 변경할 수 있다.
※ 전용장비의 규격은 최대운전하중을 기준으로 한 것이다.

5. 작업소요시간(본당)

- 내용생략 -

개 정(안)

4. 장비편성

구 분	규 격	단 위	수 량	비 고

- 현행과 동일 -

[주] ① 부속장비(그라우팅 장비, 용접장비, 드롭해머 등)의 경비는 '3. 인력편성' 노무비에 다음 요율을 계상한다.

구 분	단말뚝	이음말뚝
요 율 (%)	15	13

② 소모자재(용접봉, 오거스크류, 오거헤드, 케이싱 등) 등의 손료는 '3. 인력편성' 노무비에 다음 요율을 계상한다.

구 분	단말뚝(%)	이음말뚝(%)
케이싱 사용시	21	24
케이싱 미 사용시	17	19

※ 해머비트(개량형 비트 포함)의 손료는 별도 계상한다.

③ 전용장비 규격의 기준은 다음과 같다.

말뚝직경(㎜)	천공길이(m)	파일천공 전용장비(ton)	오거(㎾)
500미만	20미만	100이하	59.68~89.52
	20이상		89.52~111.90
500~600미만	20미만	100이하	89.52~111.90
	20이상	100~135이하	111.90
600이상	-	120~135이하	111.9~149.2

※ 현장작업조건 및 말뚝의 종류/중량 등을 고려하여 장비조합을 변경할 수 있다.
※ 전용장비의 규격은 최대운전하중을 기준으로 한 것이다.

5. 작업소요시간(본당)

- 내용생략 -

구분	현 행	개 정(안)	비고
- 보완	5-3-2 말뚝박기용 천공('08, '15, '16, '20년 보완)	5-3-2 말뚝박기용 천공	

현 행

5-3-2 말뚝박기용 천공('08, '15, '16, '20년 보완)

1. 적용범위

- 내용생략 -

2. 장비조립·해체

(회당)

구분		단위	수량
특별인부		인	1
보통인부		〃	1
용접공		〃	1
크레인		대	1
소요일수	조립	일	1
	해체	〃	0.5

[주] ① 본 품은 크레인으로 천공 장비를 최초 조립 및 해체하는 기준이며, 현장조건에 따라 조립·해체가 반복되는 경우 추가 계상한다.
② 크레인 규격은 양중능력 및 현장조건을 고려하여 적용한다.

3. 인력편성

- 내용생략 -

개 정(안)

5-3-2 말뚝박기용 천공

1. 적용범위

- 내용생략 -

2. 장비조립·해체

(회당)

구분		단위	오거크레인 (리더부 미조립)	파일천공 전용장비 (리더부 포함)	
				외부 반입/반출	작업구간 이동
기계설비공		인	1	1	1
철공		〃	1	2	2
특별인부		〃	1	1	1
크레인		대	1	1	1
소요일수	조립	일	1	3.0	1.5
	해체	〃	0.5	1.0	0.5
비고		- 파일천공 전용장비의 리더부가 30m를 초과하는 경우 조립과 해체의 소요일수를 각 0.5일 추가 계상한다.			

[주] ① 본 품은 천공장비를 1회 조립 및 해체하는 기준이며, 시공조건(외부 반출/반입, 작업구간 내 해체 후 이동조립)에 따라 조립·해체를 반복 적용한다.
② 공구손료 및 경장비(발전기, 전동드릴 등)의 기계경비는 인력품의 3%로 계상한다.
③ 장비(크레인)의 규격은 작업여건(시공높이, 시공위치 등) 및 안전율(적정하중, 작업반경 등)을 고려하여 적합한 규격을 적용한다.

3. 인력편성

- 내용생략 -

구분	현 행	개 정(안)	비고

현 행

4. 장비편성

명 칭		규 격	단 위	수 량	비 고
파일천공전용장비		40~100ton	대	1	리더포함
오 거	스 크 류	59.68~111.90㎾	〃	1	
	케 이 싱	59.68~111.90㎾	〃	1	케이싱사용시
발 전 기		450㎾	〃	1	오거 구동용
공기압축기	오거비트	10.3~21㎥/min	〃	1	천공조건에 의해 용량결정
	해머비트	25.5㎥/min	〃	1	
굴 삭 기		0.18~0.2㎥	〃	1	배토처리
크 레 인		25ton	〃	1	파일근입/이동
비 고	- 시공조건(말뚝이음 유무, 동일 작업장에 2대 이상의 파일천공전용장비 가동, 타공종과 병행사용 등)에 따라 투입장비 및 수량을 변경하여 적용한다.				

[주] ① 부속장비(용접장비 등)의 경비 및 소모자재(용접봉, 오거스크류, 케이싱 등) 손료는 '3. 인력편성' 노무비에 다음 요율을 계상한다.

구 분	케이싱 미사용시	케이싱 사용시
요 율(%)	8	9

② 해머비트(개량형 비트 포함) 손료는 별도 계상한다.
③ 전용장비 규격의 기준은 다음과 같다.

말뚝직경(㎜)	천공길이(m)	전용장비(ton)	오거(㎾)
500미만	10m미만	40ton	59.68~89.52㎾
	10~20m미만	60ton	
	20m이상	100ton	89.52~111.90㎾

※ 현장작업조건 및 천공길이를 고려하여 장비규격 및 조합을 변경할 수 있다.

개 정(안)

4. 장비편성

구 분	규 격	단 위	수 량	비 고

" 현행과 동일"

[주] ① 부속장비(용접장비 등)의 경비 및 소모자재(용접봉, 오거스크류, 케이싱 등) 손료는 '3. 인력편성' 노무비에 다음 요율을 계상한다.

구 분		케이싱 미사용시	케이싱 사용시
요 율(%)	부속장비	2	2
	소모자재	12	22

② 해머비트(개량형 비트 포함) 손료는 별도 계상한다.
③ 전용장비 규격의 기준은 다음과 같다.

말뚝직경(㎜)	천공길이(m)	파일천공 전용장비(ton)	오거(㎾)
500미만	10m미만	40ton	59.68~89.52㎾
	10~20m미만	60ton	
	20m이상	100ton	89.52~111.90㎾

※ 현장작업조건 및 천공길이를 고려하여 장비규격 및 조합을 변경할 수 있다.

구분	현　　행	개　　정(안)	비고

현　　행

5. 작업소요시간

T (작업시간) :$(T_1+T_2+T_3)/f$

T_1(준비시간) : 3 min (천공위치 확인, 천공준비)

T_2(천공시간) : $\sum(L_1 \times t_1)$

L_1 : 지층별 천공연장

t_1 : 지층별 천공시간(m당)

(min/m)

구 분	말뚝직경 (㎜)	토사		풍화암	연암	경암	혼합층
		점질토	사질토				
오 거 비 트	500미만	0.74	0.96	4.08	-	-	
개 량 형 비 트	500미만	0.74	0.96	3.80	-	-	3.28
해 머 비 트	500미만	-	-	3.66	8.56	11.93	

※ 개량형비트는 오거비트와 해머비트가 복합된 비트이며, 혼합층(호박돌, 전석발생 등 지질 특성으로 오거비트에 의한 굴착이 어렵거나 작업효율의 현저한 저하가 예상되는 경우)에서 적용 가능하다.

T_3(말뚝근입시간) : 2min

※ 항타작업이 필요한 경우에는 '[공통부문] 5-3-1 기성말뚝 기초'의 t_3(말뚝근입/항타)의 작업시간을 참고하여 적용한다.

~~※ 주열식 현장벽체공법(C.I.P, Cast In Placed Pile)의 철근망 근입시간은 동일하게 적용한다.~~

f(작업계수) : 0.8

개　　정(안)

5. 작업소요시간

T (작업시간) :$(T_1+T_2+T_3)/f$

T_1(준비시간) : 3 min (천공위치 확인, 천공준비)

T_2(천공시간) : $\sum(L_1 \times t_1)$

L_1 : 지층별 천공연장

t_1 : 지층별 천공시간(m당)

(min/m)

구 분	말뚝직경 (㎜)	토사		풍화암	연암	경암	혼합층
		점질토	사질토				
오 거 비 트	500미만	0.74	0.96	4.08	-	-	
개 량 형 비 트	500미만	0.74	0.96	3.80	-	-	3.28
해 머 비 트	500미만	-	-	3.66	8.56	11.93	

※ 개량형비트는 오거비트와 해머비트가 복합된 비트이며, 혼합층(호박돌, 전석발생 등 지질 특성으로 오거비트에 의한 굴착이 어렵거나 작업효율의 현저한 저하가 예상되는 경우)에서 적용 가능하다.

T_3(말뚝근입시간) : 2min

※ 항타작업이 필요한 경우에는 '[공통부문] 5-3-1 기성말뚝 기초'의 t_3(말뚝근입/항타)의 작업시간을 참고하여 적용한다.

f(작업계수) : 0.8

구분	현 행	개 정(안)	비고
- 보완	5-3-3 말뚝두부정리(강관)('08, '09, '15, '20년 보완)	5-3-3 말뚝두부정리(강관)	
- 보완	5-3-4 말뚝두부정리(콘크리트)('20년 보완)	5-3-4 말뚝두부정리(콘크리트)	

현 행

5-3-3 말뚝두부정리(강관)('08, '09, '15, '20년 보완)

(본당)

구 분	규 격	단 위	수 량				
			ø400	ø500	ø600	ø700	ø800
용 접 공		인	0.038	0.047	0.058	0.067	0.077
보 통 인 부		〃	0.038	0.047	0.058	0.067	0.077
굴 착 기	0.2㎥	hr	0.046	0.052	0.070	0.082	0.094

[주] ① 본 품은 강관말뚝 조성 완료 후 자동절단기(산소+LPG)를 사용하여 설계 높이에 맞게 말뚝두부를 절단하는 기준이며, 말뚝머리 보강에 필요한 품은 별도 계상한다.
② 본 품은 작업준비, 강관말뚝 절단, 작업정리 및 마무리 작업을 포함한다.
③ 공구손료 및 경장비(자동절단기 등)의 기계경비는 인력품의 4%로 계상한다.

④ 자재소모량은 다음 기준을 적용한다.

구 분	단 위	수 량				
		ø400	ø500	ø600	ø700	ø800
산 소	ℓ	95	113	138	185	220
L P G	kg	0.1	0.13	0.15	0.18	0.21

※ 산소량은 대기압상태의 기준량이며, 압축산소는 35℃에서 150기압으로 압축용기에 넣어 사용하는 것을 기준한다.

5-3-4 말뚝두부정리(콘크리트)('20년 보완)

(본당)

구 분	규 격	단 위	수 량				
			ø400	ø500	ø600	ø700	ø800
할 석 공		인	0.039	0.054	0.063	0.071	0.080
보 통 인 부		〃	0.039	0.054	0.063	0.071	0.080
굴 삭 기	0.2㎥	hr	0.063	0.089	0.102	0.114	0.127

[주] ① 본 품은 콘크리트파일 조성 완료 후 그라인더를 사용하여 설계높이에 맞게 자르는 기준이며, 말뚝머리 보강에 필요한 품은 별도 계상한다.
② 본 품은 작업준비, 콘크리트말뚝 절단, 작업정리 및 마무리 작업을 포함하며, 절단된 말뚝두부의 파쇄는 제외되어 있다.
③ 공구손료 및 경장비(그라인더 등)의 기계경비는 인력품의 3%로 계상한다.
④ 잡재료 및 소모재료(그라인더날, 철선, 파일캡 등)는 인력품의 9%로 계상한다.

개 정(안)

5-3-3 말뚝두부정리(강관)

(일당)

구 분	규 격	단 위	수량	시공량(본)				
				ø400	ø500	ø600	ø700	ø800
용 접 공		인	1	35	30	24	20	18
보 통 인 부		〃	1					
굴 착 기	0.2㎥	대	0.5					

[주] ① 본 품은 강관말뚝 조성 완료 후 자동절단기(산소+LPG)를 사용하여 설계 높이에 맞게 말뚝두부를 절단하는 기준이며, 말뚝머리 보강에 필요한 품은 별도 계상한다.
② 본 품은 작업준비, 강관말뚝 절단, 작업정리 및 마무리 작업을 포함한다.
③ 공구손료 및 경장비(자동절단기 등)의 기계경비는 인력품의 4%로 계상한다.
④ 잡재료 및 소모재료(철선, 파일캡 등)는 인력품의 6%로 계상한다.
⑤ 절단자재 소모량은 다음 기준을 적용한다.

구 분	단 위	수 량				
		ø400	ø500	ø600	ø700	ø800
산 소	ℓ	95	113	138	185	220
L P G	kg	0.1	0.13	0.15	0.18	0.21

※ 산소량은 대기압상태의 기준량이며, 압축산소는 35℃에서 150기압으로 압축용기에 넣어 사용하는 것을 기준한다.

5-3-4 말뚝두부정리(콘크리트)

(일당)

구 분	규 격	단 위	수량	시공량(본)				
				ø400	ø500	ø600	ø700	ø800
할 석 공		인	1	55	45	35	30	25
보 통 인 부		〃	1					
굴 착 기	0.2㎥	대	1					

[주] ① 본 품은 콘크리트파일 조성 완료 후 그라인더를 사용하여 설계높이에 맞게 자르는 기준이며, 말뚝머리 보강에 필요한 품은 별도 계상한다.
② 본 품은 작업준비, 콘크리트말뚝 절단, 작업정리 및 마무리 작업을 포함하며, 절단된 말뚝두부의 파쇄는 제외되어 있다.
③ 공구손료 및 경장비(그라인더 등)의 기계경비는 인력품의 4%로 계상한다.
④ 잡재료 및 소모재료(그라인더날, 철선, 파일캡 등)는 인력품의 13%로 계상한다.

구분	현 행	개 정(안)	비고
- 보완	5-3-5 현장타설말뚝('15, '21년 보완)	5-3-5 현장타설말뚝	

현 행

5-3-5 현장타설말뚝('15, '21년 보완)

1. 적용범위 / 2. 장비 조립·해체

- 내용생략-

3. 굴착

가. 인력편성

(인/일)

직 종	단 위	수 량
보 링 공	인	1
특 별 인 부	〃	2
보 통 인 부	〃	1
용 접 공	〃	1

나. 장비편성

명 칭	규 격	단위	수량	작업 시간	R.C.D	올케이싱 요동식	올케이싱 전회전식
크 레 인	70~120ton	대	1	T	○	○	○
R.C.D 장비	1,000~3,000㎜	〃	1	T	○	-	-
오 실 레 이 터	1,000~3,000㎜	〃	1	T	-	○	-
전회전식천공기	1,000~3,000㎜	〃	1	T	-	-	○
발 전 기	150㎾	〃	1	T	○	○	○
공 기 압 축 기	25㎥/min	〃	1	T	○	-	-
굴 착 기	0.4~0.6㎥	〃	1	T	-	○	○

[주] ① 케이싱은 굴착깊이+1.5m를 계상한다.

② 부속장비(강재탱크, 해머그래브, 용접기, 치즐 등)의 경비는 '가. 인력편성' 노무비에 다음 요율을 계상한다.

구 분	R.C.D	올케이싱
요 율	8%	16%

③ 소모자재(용접봉, 철판재, 호스 등)의 손료는 '가. 인력편성' 노무비의 11%를 계상한다.

④ 케이싱 및 비트 손료는 별도 계상한다.

⑤ 현장작업조건을 고려하여 장비조합 및 규격을 변경할 수 있다.

나. 작업소요시간(본당)

- 내용생략 -

개 정(안)

5-3-5 현장타설말뚝

1. 적용범위 / 2. 장비 조립·해체

- 내용생략-

3. 굴착

가. 인력편성

구 분	단 위	수 량
보 링 공	인	"현행과 동일"
특 별 인 부	〃	
보 통 인 부	〃	
용 접 공	〃	

나. 장비편성

구 분	규 격	단위	수량	작업 시간	R.C.D	올케이싱 요동식	올케이싱 전회전식
크 레 인	70~120ton	대	"현행과 동일"				
R.C.D 장비	1,000~3,000㎜	〃					
오 실 레 이 터	1,000~3,000㎜	〃					
전회전식천공기	1,000~3,000㎜	〃					
발 전 기	150㎾	〃					
공 기 압 축 기	25㎥/min	〃					
굴 착 기	0.4~0.6㎥	〃					

[주] ① 케이싱은 굴착깊이+1.5m를 계상한다.

② 부속장비(강재탱크, 해머그래브, 용접기, 치즐 등)의 경비는 '가. 인력편성' 노무비에 다음 요율을 계상한다.

구 분	R.C.D	올케이싱
요 율	8%	16%

③ 소모자재(용접봉, 철판재, 호스 등)의 손료는 '가. 인력편성' 노무비의 10%를 계상한다.

④ 케이싱 및 비트 손료는 별도 계상한다.

⑤ 현장작업조건을 고려하여 장비조합 및 규격을 변경할 수 있다.

나. 작업소요시간(본당)

- 내용생략 -

구분	현 행	개 정(안)	비고

현 행

4. 말뚝조성

가. 인력편성

(인/일)

직 종	단 위	수 량
보 링 공	인	1
콘 크 리 트 공	〃	1
특 별 인 부	〃	2

나. 장비편성

명 칭		규 격	단위	수량	작업시간	R.C.D	올케이싱	
							요동식	전회전식
굴착전용장비	오실레이터	1,000~3,000㎜	대	1	T	○	○	-
	전회전식 굴착기	1,000~3,000㎜	〃	1	T	-	-	○
크레인		25ton	〃	1	T	○	○	○
발전기		150㎾	〃	1	T	○	○	○

[주] ① 트레미파이프는 굴착깊이+1.5m를 계상한다.
② 부속장비(슬라임제거기, 수중펌프, 트레미파이프 등) 경비 및 잡재료 손료(용접봉, 철판재, 호스 등)는 '가. 인력편성' 노무비에 다음 요율을 계상한다.

요동식+R.C.D	올케이싱
3.0%	5.0%

※ 요동식+R.C.D는 요동식과 R.C.D천공이 연속된 작업을 기준한다.

③ 현장작업조건을 고려하여 장비조합 및 규격을 변경할 수 있다.

다. 작업소요시간(본당)

- 내용생략 -

개 정(안)

4. 말뚝조성

가. 인력편성

구 분	단 위	수 량
보 링 공	인	"현행과 동일"
콘 크 리 트 공	〃	
특 별 인 부	〃	

나. 장비편성

구 분		규 격	단위	수량	작업시간	R.C.D	올케이싱	
							요동식	전회전식
굴착전용장비	오실레이터	1,000~3,000㎜	대	"현행과 동일"				
	전회전식 굴착기	1,000~3,000㎜	〃					
크레인		25ton	〃					
발전기		150㎾	〃					

[주] ① 트레미파이프는 굴착깊이+1.5m를 계상한다.
② 부속장비(슬라임제거기, 수중펌프, 트레미파이프 등) 경비 및 잡재료 손료(용접봉, 철판재, 호스 등)는 '가. 인력편성' 노무비에 다음 요율을 계상한다.

구분		요동식+R.C.D	올케이싱
요율(%)	부속장비	3%	4%
	소모자재	2%	2%

※ 요동식+R.C.D는 요동식과 R.C.D천공이 연속된 작업을 기준한다.

③ 현장작업조건을 고려하여 장비조합 및 규격을 변경할 수 있다.

다. 작업소요시간(본당)

- 내용생략 -

구분	현 행	개 정(안)	비고
- 보완	(아래 현행 참조)	(아래 개정(안) 참조)	

현 행

5-4 차수

5-4-1 차수재공

(m²당)

구 분		명 칭	규 격	단 위	수 량
부 직 포	자재	부 직 포	-	m²	1.1
	인력	방 수 공		인	0.002
		보 통 인 부		〃	0.001
	장비	크 레 인		hr	0.002
지오 콤포지트	자재	지오콤포지트	6.0㎜	m²	1.1
	인력	방 수 공		인	0.003
		보 통 인 부		〃	0.001
	장비	크 레 인		hr	0.002
벤토나이트매트	자재	벤토나이트매트	6.0㎜	m²	1.1
	인력	방 수 공		인	0.003
		보 통 인 부		〃	0.001
	장비	크 레 인		hr	0.002
HDPE 시트	자재	HDPE 시트	2~2.5㎜	m²	1.1
	인력	방 수 공		인	0.007
		보 통 인 부		〃	0.002
	장비	크 레 인		hr	0.006

[주] ① 본 품은 부직포, 지오콤포지트, 벤토나이트매트, HDPE Sheet(고밀도 폴리에틸렌)의 재료를 각각 1겹 설치하는 기준으로 2겹을 설치 할 경우에는 해당 품의 2회를 적용한다.
② 자재를 종류별로 선택하여 설치할 경우에는 해당 자재품만 적용한다.
③ 재료의 할증은 포함되어 있다.
④ 본 품은 소운반, 부설, 연결 및 접합, 정리 작업을 포함한다.
⑤ 본 품은 수직고 50m 이하를 기준한 것으로, 높이 할증은 별도 계상하지 않는다.
~~⑥ 본 품의 크레인 규격은 다음 기준을 적용한다.~~

수직고	크레인 규격
30m 이하	30톤급 크레인
30m초과~50m이하	50톤급 크레인

⑦ 크레인의 규격은 작업여건(작업높이, 크레인 위치 등)에 따라 변경할 수 있다.
⑧ 공구손료 및 경장비(발전기, 자동용착기 등)의 기계경비는 구분(인력품)에 다음 요율을 적용한다.

구 분	부직포	지오콤포지트	벤토나이트매트	시트
요율	2%	2%	2%	5%

⑨ 지반고르기, 되메우기가 필요한 경우 별도 계상한다.

개 정(안)

5-4 차수

5-4-1 차수재공

(일당)

구 분	단 위	수 량	시공량(m²)			
			부직포	지오콤포지트	벤토나이트매트	HDPR시트
방 수 공	인	6	3,000	2,000	2,000	800
보통인부	〃	2				
크 레 인	대	1				

[주] ① 본 품은 부직포, 지오콤포지트, 벤토나이트매트, HDPE Sheet(고밀도 폴리에틸렌)의 재료를 각각 1겹 설치하는 기준으로 2겹을 설치 할 경우에는 해당 품의 2회를 적용한다.
② 자재를 종류별로 선택하여 설치할 경우에는 해당 자재품만 적용한다.
③ 본 품은 소운반, 부설, 연결 및 접합, 정리 작업을 포함한다.
④ 본 품은 수직고 50m 이하를 기준한 것으로, 높이 할증은 별도 계상하지 않는다.
⑤ 지반고르기, 되메우기가 필요한 경우 별도 계상한다.
⑥ 장비(크레인)의 규격은 작업여건(시공높이, 시공위치 등) 및 안전율(적정하중, 작업반경 등)을 고려하여 적합한 규격을 적용한다.
⑦ 공구손료 및 경장비(발전기, 자동용착기 등)의 기계경비는 구분(인력품)에 다음 요율을 적용한다.

구 분	부직포	지오콤포지트	벤토나이트매트	시트
요율	2%	2%	2%	5%

⑧ 재료량은 다음을 참고한다.

(m²당)

구 분	규 격	단 위	수 량
부직포	-	m²	1.1
지오콤포지트	6.0㎜	m²	1.1
벤토나이트매트	6.0㎜	m²	1.1
HDPE 시트	2~2.5㎜	m²	1.1

※ 재료의 할증은 포함되어 있다.

- [공통] 제6장 철근콘크리트공사 -

구분	현 행	개 정(안)	비고
- 신설	- 항목 신설 -	**6-2-6 GFRP 보강근 현장조립** (일당) 구분 / 단위 / 수량 / 시공량(m) 철근공 / 인 / 6 / 2,500 보통인부 / 인 / 2 / 비고: - 현장여건(고소작업, 철근 적재공간 협소 등)에 따라 상시적인 크레인을 활용한 시공이 필요한 경우 해당 장비를 작업조에 추가하여 계상하고, 시공량은 감하지 않는다. [주] ① 본 품은 유리섬유 강화 폴리머(Glass Fiber-Reinforced Polymer) 보강근 현장조립 기준이며, 교량 슬래브(G19mm 이하) 직선철근에 적용한다. ② GFRP 보강근 조립에 사용되는 공구손료 및 경장비의 기계경비는 인력품의 2%를 계상한다. ③ 간격재, 결속선 등 소모재료 재료비는 별도 계상한다.	

6-2-6 GFRP 보강근 현장조립 (개정(안) table detail)

(일당)

구분	단위	수량	시공량(m)
철근공	인	6	2,500
보통인부	인	2	
비 고	- 현장여건(고소작업, 철근 적재공간 협소 등)에 따라 상시적인 크레인을 활용한 시공이 필요한 경우 해당 장비를 작업조에 추가하여 계상하고, 시공량은 감하지 않는다.		

구분	현 행	개 정(안)	비고
- 적정검토	(아래 현행 참조)	(아래 개정(안) 참조)	

현 행

6-3-1 합판거푸집 설치 및 해체

[참고자료] 사용횟수에 따른 유형별 적용시설은 다음을 참고한다.

사용횟수	유 형	구 조 물
1~2회	제물치장	제물치장 콘크리트
2회	매우복잡	T형보, 난간, 복잡한 구조의 교각, 교대, 수문관의 본체 등 매우 복잡한 구조
3회	복잡	교대, 교각, 파라펫트, 날개벽 등 복잡한 벽체 구조, 건축 라멘구조의 보, 기둥
4회	보통	측구, 수로, 우물통 등 비교적 간단한 벽체 구조, 교량 및 건축 슬래브
6회	간단	수문 또는 관의 기초, 호안 및 보호공의 기초 등 간단한 구조

3. 설치 및 해체

(일당)

구 분	단 위	수량	시공량(㎡)				
			제물치장	매우복잡	복 잡	보 통	간 단
형 틀 목 공	인	5	20	25	30	45	50
보 통 인 부	인	2					
비 고	- 현장여건(고소작업, 거푸집 적재공간 협소 등)에 따라 상시적인 크레인을 활용한 시공이 필요한 경우 해당 장비를 작업조에 추가하여 계상하고, 시공량은 감하지 않는다. - 본 품은 수직고 7m까지 적용하며, 양중장비를 활용하지 않고 수직고가 7m를 초과하는 경우 매 3m마다 시공량을 9%까지 감한다. - 지붕 슬래브 설치(경사도 20° 미만)에서는 시공량의 17%를 감한다. - 조적턱, 창호턱 등 소량의 거푸집이 산재되어 시공되는 경우 '매우복잡'을 적용한다.						

[주] ① 본 품은 설치면적을 기준한 것이며, 합판거푸집(내수합판 12㎜기준)의 가공, 제작, 조립, 해체를 포함한다.
② 본 품에는 청소, 박리제 바름 및 보수 품이 포함되어 있으며, 동바리 설치(재료포함)는 제외되어 있다.
~~③ 곡면 및 특수형상 부분의 품은 별도 계상한다.~~
④ 공구손료 및 경장비의 기계경비는 인력품의 1%로 계상한다.

개 정(안)

6-3-1 합판거푸집 설치 및 해체

[참고자료] 사용횟수에 따른 유형별 적용시설은 다음을 참고한다.

사용횟수	유 형	구 조 물
1~2회	제물치장	제물치장 콘크리트, 곡면 및 특수형상
2회	매우복잡	T형보, 난간, 복잡한 구조의 교각, 교대, 수문관의 본체 등 매우 복잡한 구조
3회	복잡	교대, 교각, 파라펫트, 날개벽 등 복잡한 벽체 구조, 건축 라멘구조의 보, 기둥
4회	보통	측구, 수로, 우물통 등 비교적 간단한 벽체 구조, 교량 및 건축 슬래브
6회	간단	수문 또는 관의 기초, 호안 및 보호공의 기초 등 간단한 구조

3. 설치 및 해체

(일당)

구 분	단 위	수량	시공량(㎡)				
			제물치장	매우복잡	복 잡	보 통	간 단

현행과 동일

[주] ① 본 품은 설치면적을 기준한 것이며, 합판거푸집(내수합판 12㎜기준)의 가공, 제작, 조립, 해체를 포함한다.
② 본 품에는 청소, 박리제 바름 및 보수 품이 포함되어 있으며, 동바리 설치(재료포함)는 제외되어 있다.

③ 공구손료 및 경장비의 기계경비는 인력품의 1%로 계상한다.

구분	현 행	개 정(안)	비고

구분: - 보완

현 행

6-3-3 유로폼 설치 및 해체('08, '09, '17, '22년 보완)

- 본 품은 유로폼 패널의 벽체 설치 및 해체를 기준한다.

1. 사용횟수

구 분	사용조작회수
패 널 류	12회 사용 잔존율 25%
보, 드롭헤드, 강관파이프, 후크클램프, 웨지핀	25회 사용 잔존율 10%

2. 자재수량

- **자재비는 거래형태 등을 고려하여 임대료 또는 손료로 산정하되, 임대료는 시중 물가지 등을 참고하여 결정한다.**
- 자재수량은 일반적인 패널 규격과 난이도에 따른 부자재 사용량을 참고하여 계상한 결과이며, 구조물 형상, 시공조건(복잡도 등)에 따라 자재수량을 산출하여 적용한다.

(10m²당)

구 분	규격	단위	수 량
패 널	600×1,200mm	매	0.89
내부패널	(200+200)×1,200 mm	매	0.03
부자재 (웨지핀, 플랫타이, 강관파이프, 후크)	주자재비의	%	- 설치 유형에 따라 다음 주자재비에 다음 요율을 적용한다.
소모자재(박리재 등)	주자재비의	%	5%

구분	간단	보통	복잡
요율	24%	52%	79%

[주] ① 재료량에는 재료의 할증 및 손율이 포함되어 있다.
② 플랫 타이(FLAT TIE) 대신 폼타이(Form Tie) 사용시 소요수량은 '[공통부문] 6-3-1 합판거푸집 설치 및 해체' 자재 기준을 따른다.

개 정(안)

6-3-3 유로폼 설치 및 해체

- 본 품은 유로폼 패널의 벽체 설치 및 해체를 기준한다.

1. 자재

- **자재비는 거래형태 등을 고려하여 임대료 또는 손료로 산정하되, 임대료는 시중 물가지 등을 참고하여 결정한다.**
  * 임대료의 경우 공정계획에 따른 사용횟수를 산정하여 실질적인 소요기간(임대기간)을 반영한다.
- 아래 자재수량 및 부자재, 소모자재 요율은 일반적인 패널 규격과 난이도에 따른 사용량을 참고하여 계상한 결과이며, 구조물 형상, 시공조건(사용횟수, 복잡도 등)에 따라 자재수량을 산출하여 적용한다.

(10m²당)

구 분	규격	단위	사용횟수에 따른 수량	
			3회	6회
패 널	600×1,200mm	매	1.19	0.95
내부패널 / 부자재 / 소모자재 (웨지핀, 플랫타이, 강관 파이프, 후크, 박리제 등)	주자재비의	%		

구분	간단	보통	복잡
3회	24%	44%	66%
6회	29%	55%	83%

[주] ① 재료량에는 재료의 할증 및 손율이 포함되어 있다.
② 플랫 타이(FLAT TIE) 대신 폼타이(Form Tie) 사용시 소요수량은 '[공통부문] 6-3-1 합판거푸집 설치 및 해체' 자재 기준을 따른다.

– [공통] 제7장 돌공사 –

구분	현 행	개 정(안)	비고

구분: - 보완

현 행

7-1 돌쌓기

7-1-1 메쌓기('12, '19년 보완)

(㎡당)

구 분	규 격	단 위	수 량 (뒷길이)		
			35㎝이하	55㎝이하	75㎝이하
석 공		인	0.10	0.09	0.08
보 통 인 부		인	0.05	0.04	0.03
굴 착 기 + 부 착 용 집 게	0.6㎥	hr	0.39	0.37	0.35

[주] ① 본 품은 잡석을 채움재로 사용하는 깬돌 및 깬잡석의 골쌓기 기준이다.
② 경사도가 1:1 보다 급한 경우이며, 높이 3m이하 기준이다.
③ 규준틀 설치, 돌쌓기, 잡석 채움, 배수파이프 설치 작업을 포함한다.
④ 뒤채움 및 다짐은 '[공통부문] 3-4-4 / 3-4-5 뒤채움 및 다짐'을 따른다.
⑤ 굴착기 규격은 작업여건(작업범위, 위치 등)에 따라 변경할 수 있다.
~~⑥ 재료량은 설계수량을 적용한다.~~

개 정(안)

7-1 돌쌓기

7-1-1 메쌓기

(일당)

구 분	규 격	단 위	수 량	뒷길이	시공량(㎡)
석 공		인	3	35cm이하	23
보 통 인 부		인	1	55cm이하	26
굴 착 기 + 부 착 용 집 게		대	1	75cm이하	28

[주] ① 본 품은 잡석을 채움재로 사용하는 깬돌 및 깬잡석의 골쌓기 기준이다.
② 경사도가 1:1 보다 급한 경우이며, 높이 3m이하 기준이다.
③ 시공량은 석재의 전면면적(㎡)을 기준한다.
④ 본 품은 규준틀 설치, 돌쌓기 및 잡석 채움, 배수파이프 설치 작업을 포함한다.
⑤ 기초콘크리트, 뒤채움 및 다짐은 별도 계상한다.
⑥ 장비의 규격은 작업여건(작업범위, 위치 등)에 따라 변경할 수 있다.

구분: - 보완

현 행

7-1-2 찰쌓기('12, '18, '19년 보완)

(㎡당)

구 분	규 격	단 위	수 량 (뒷길이)		
			35㎝이하	55㎝이하	75㎝이하
석 공		인	0.09	0.08	0.07
보 통 인 부		인	0.05	0.04	0.03
굴 착 기 + 부 착 용 집 게	0.6㎥	hr	0.31	0.30	0.28

[주] ① 본 품은 콘크리트를 채움재로 사용하는 깬돌 및 깬잡석의 골쌓기 기준이다.
② 경사도가 1:1 보다 급한 경우이며, 높이 3m이하 기준이다.
③ 규준틀 설치, 돌쌓기, 콘크리트 채움, 배수파이프 설치, 줄눈메꿈 작업을 포함한다.
④ 뒤채움 및 다짐은 '[공통부문] 3-4-4 / 3-4-5 뒤채움 및 다짐'을 따른다.
⑤ 굴착기 규격은 작업여건(작업범위, 위치 등)에 따라 변경할 수 있다.
~~⑥ 재료량은 설계수량을 적용한다.~~

개 정(안)

7-1-2 찰쌓기

(일당)

구 분	규 격	단 위	수 량	뒷길이	시공량(㎡)
석 공		인	3	35cm이하	27
보 통 인 부		인	1	55cm이하	30
굴 착 기 + 부 착 용 집 게		대	1	75cm이하	34

[주] ① 본 품은 콘크리트를 채움재로 사용하는 깬돌 및 깬잡석의 골쌓기 기준이다.
② 경사도가 1:1 보다 급한 경우이며, 높이 3m이하 기준이다.
③ 시공량은 석재의 전면면적(㎡)을 기준한다.
④ 본 품은 규준틀 설치, 돌쌓기 및 콘크리트 채움, 배수파이프 설치, 줄눈메꿈 작업을 포함한다.
⑤ 기초콘크리트, 뒤채움 및 다짐은 별도 계상한다.
⑥ 장비의 규격은 작업여건(작업범위, 위치 등)에 따라 변경할 수 있다.

구분	현 행	개 정(안)	비고

- 보완

현 행

7-2 돌붙임

7-2-1 메붙임('12, '19년 보완)

(㎡당)

구 분	규 격	단 위	수 량 (뒷길이)		
			35㎝이하	55㎝이하	75㎝이하
석 공		인	0.13	0.12	0.11
보 통 인 부		인	0.04	0.03	0.02
굴착기+부착용 집 게	0.6㎥	hr	0.25	0.24	0.22

[주] ① 본 품은 잡석을 채움재로 사용하는 깬돌 및 깬잡석의 돌붙임 기준이다.
② 경사도가 1:1 보다 완만한 경우이며, 높이 5m이하 기준이다.
③ 규준틀 설치, 돌붙임, 잡석 채움, 배수파이프 설치 작업을 포함한다.
④ 뒤채움 및 다짐은 '[공통부문] 3-4-4 / 3-4-5 뒤채움 및 다짐'을 따른다.
⑤ 굴착기 규격은 작업여건(작업범위, 위치 등)에 따라 변경할 수 있다.
~~⑥ 재료량은 설계수량을 적용한다.~~

개 정(안)

7-2 돌붙임

7-2-1 메붙임

(일당)

구 분	규 격	단 위	수 량	뒷길이	시공량(㎡)
석 공		인	3	35cm이하	26
보 통 인 부		인	1	55cm이하	29
굴 착 기 + 부 착 용 집 게		대	1	75cm이하	32

[주] ① 본 품은 잡석을 채움재로 사용하는 깬돌 및 깬잡석의 돌붙임 기준이다.
② 경사도가 1:1 보다 완만한 경우이며, 높이 5m이하 기준이다.
③ 시공량은 석재의 전면면적(㎡)을 기준한다.
④ 본 품은 규준틀 설치, 돌붙임 및 잡석 채움, 배수파이프 설치 작업을 포함한다.
⑤ 기초콘크리트, 뒤채움 및 다짐은 별도 계상한다.
⑥ 장비의 규격은 작업여건(작업범위, 위치 등)에 따라 변경할 수 있다.

- 보완

현 행

7-2-2 찰붙임('12, '19년 보완)

(㎡당)

구 분	규 격	단 위	수 량 (뒷길이)		
			35㎝이하	55㎝이하	75㎝이하
석 공		인	0.11	0.10	0.09
보 통 인 부		인	0.04	0.03	0.02
굴 착 기 + 부 착 용 집 게	0.6㎥	hr	0.22	0.21	0.20

[주] ① 본 품은 콘크리트를 채움재로 사용하는 깬돌 및 깬잡석의 돌붙임 기준이다.
② 경사도가 1:1 보다 완만한 경우이며, 높이 5m이하 기준이다.
③ 규준틀 설치, 돌쌓기, 콘크리트 채움, 배수파이프 설치, 줄눈메꿈 작업을 포함한다.
④ 뒤채움 및 다짐은 '[공통부문] 3-4-4 / 3-4-5 뒤채움 및 다짐'을 따른다.
⑤ 굴착기 규격은 작업여건(작업범위, 위치 등)에 따라 변경할 수 있다.
~~⑥ 재료량은 설계수량을 적용한다.~~

개 정(안)

7-2-2 찰붙임

(일당)

구 분	규 격	단 위	수 량	뒷길이	시공량(㎡)
석 공		인	3	35cm이하	30
보 통 인 부		인	1	55cm이하	33
굴 착 기 + 부 착 용 집 게		대	1	75cm이하	37

[주] ① 본 품은 콘크리트를 채움재로 사용하는 깬돌 및 깬잡석의 돌붙임 기준이다.
② 경사도가 1:1 보다 완만한 경우이며, 높이 5m이하 기준이다.
③ 시공량은 석재의 전면면적(㎡)을 기준한다.
④ 본 품은 규준틀 설치, 돌쌓기 및 콘크리트 채움, 배수파이프 설치, 줄눈메꿈 작업을 포함한다.
⑤ 기초콘크리트, 뒤채움 및 다짐은 별도 계상한다.
⑥ 장비의 규격은 작업여건(작업범위, 위치 등)에 따라 변경할 수 있다.

구분	현 행	개 정(안)	비고
	[참고자료] 돌쌓기 규격별 소요량 (see below)	- 삭제 검토 -	

[참고자료] 돌쌓기 규격별 소요량

구 분		단 위	수 량 (뒷길이)						
			25cm	30cm	35cm	45cm	55cm	60cm	75cm
돌 의 전 면 규 격		cm	17×17	20×20	25×25	30×30	35×35	40×40	50×50
m² 당 개 수		개	33	24	17	12	9	6	4
고 임 돌 (돌쌓기)	깬 잡 석	m³	0.09	0.11	0.13	0.16	0.19	0.21	0.26
	깬 돌	m³	-	0.10	0.12	0.15	0.18	0.20	0.25
틈메우기돌(돌붙임)		m³	- 고임돌(돌쌓기)의 15%까지 계상할 수 있다.						
채 움 콘 크 리 트		m³	0.11	0.14	0.16	0.20	0.25	0.27	0.34
줄눈메꿈 모르타르		m³	0.009	0.009	0.009	0.009	0.009	0.009	0.009

[주] 돌의 중량은 돌의 형상, 종류, 부피 등을 고려하고 '[공통부문] 1-3-3 재료의 단위중량'을 참고하여 계상한다.

[참고자료] 돌쌓기 표준도

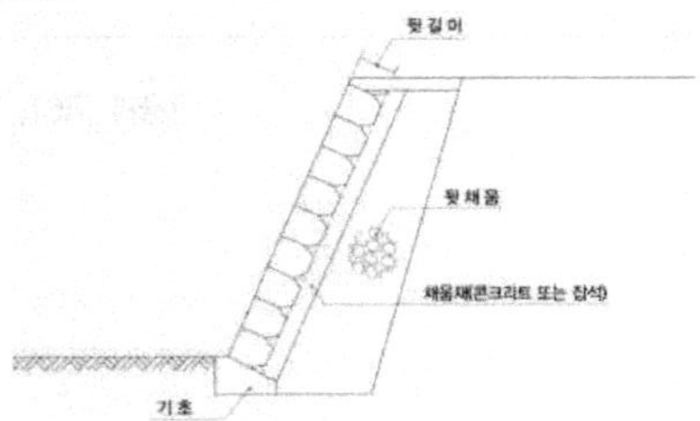

구분	현행	개정(안)	비고
- 보완	7-3 전석쌓기 및 깔기 / 7-3-1 전석쌓기('92년 신설, '12, '18년 보완)	7-3 전석쌓기 및 깔기 / 7-3-1 전석쌓기	

현행

7-3 전석쌓기 및 깔기

7-3-1 전석쌓기('92년 신설, '12, '18년 보완)

(m²당)

구분	규격	단위	수량
석공		인	0.13
보통인부		인	0.02
굴착기	0.6m³	hr	0.43

[주] ① 본 품은 굴착기를 이용하여 전석(0.3m³~0.5m³급)을 쌓는 품이다.
② 본 품은 전석쌓기, 고임돌 및 채움 콘크리트 시공이 포함된 것이다.
③ 기초 콘크리트, 고임돌 소요량은 별도 계상한다.
④ 기초 콘크리트 타설품은 별도 계상한다.
⑤ 장비의 규격은 작업여건(작업범위, 위치 등)에 따라 변경할 수 있다.
⑥ 재료량은 다음을 참고하여 적용한다.

(m²당)

구분	단위	수량
채움콘크리트	m³	0.2

개정(안)

7-3 전석쌓기 및 깔기

7-3-1 전석쌓기

(일당)

구분	규격	단위	수량	시공량(m²)
석공		인	3	22
보통인부		인	1	
굴착기 + 부착용집게		대	1	

[주] ① 본 품은 굴착기를 이용하여 전석(0.5m³급)을 쌓는 기준이다.
② 시공량은 석재의 전면면적(m²)을 기준한다.
③ 본 품은 규준틀 설치, 전석쌓기, 고임돌 및 틈메우기 작업을 포함한다.
④ 기초콘크리트, 뒤채움 및 다짐은 별도 계상한다.
⑤ 장비의 규격은 작업여건(작업범위, 위치 등)에 따라 변경할 수 있다.
⑥ 재료량은 다음을 참고하여 적용한다.

(m²당)

구분	단위	수량
채움콘크리트	m³	0.2

- 보완

현행

7-3-2 전석깔기('18년 신설)

(m²당)

구분	규격	단위	수량
석공		인	0.06
보통인부		인	0.02
굴착기	0.6m³	hr	0.17

[주] ① 본 품은 굴착기를 이용하여 전석(0.3m³~0.5m³급)을 바닥에 까는 품이다.
② 본 품은 전석깔기, 고임돌 시공이 포함된 것이다.
③ 콘크리트, 고임돌 소요량은 별도 계상한다.
④ 콘크리트 타설품은 별도 계상한다.
⑤ 장비의 규격은 작업여건(작업범위, 위치 등)에 따라 변경할 수 있다.

개정(안)

7-3-2 전석깔기

(일당)

구분	규격	단위	수량	시공량(m²)
석공		인	3	50
보통인부		인	1	
굴착기 + 부착용집게		대	1	

[주] ① 본 품은 굴착기를 이용하여 전석(0.5m³급)을 바닥에 까는 품이다.
② 시공량은 석재의 전면면적(m²)을 기준한다.
③ 본 품은 규준틀 설치, 전석깔기, 고임돌 및 틈메우기 작업을 포함한다.
④ 기초콘크리트, 뒤채움 및 다짐은 별도 계상한다.
⑤ 장비의 규격은 작업여건(작업범위, 위치 등)에 따라 변경할 수 있다.

구분	현 행	개 정(안)	비고

- 보완

현 행

7-4 석재판 붙임

7-4-1 습식공법('12, '19년 보완)

(㎡당)

구 분	단 위	수 량			
		테라조판		화강석	
		바닥	계단부	바닥	계단부
석 공	인	0.26	0.29	0.31	0.35
보 통 인 부	인	0.12	0.13	0.14	0.16

[주] ① 본 품은 모르타르를 사용한 바닥 및 계단부(계단챌판, 계단디딤판, 계단참)에 석재판을 붙이는 기준이다.
② 모르타르 비빔, 모르타르 포설 및 고르기, 석재판 절단 및 붙임, 줄눈채움, 보양 작업을 포함한다.
③ 공구손료 및 경장비(절단기 등)의 기계경비는 인력품의 1%로 계상한다.

개 정(안)

7-4 석재판 붙임

7-4-1 습식공법

(일당)

구 분	단 위	수 량	시공부위	시공량(㎡)	
				테라조판	화강석
석 공	인	3	바닥부	15	12
줄 눈 공	인	1			
보 통 인 부	인	2	계단부	13	11

[주] ① 본 품은 바닥부 및 계단부(계단챌판, 계단디딤판, 계단참)에 모르타르를 사용하여 석재판을 붙이는 기준이다.
② 본 품은 모르타르 비빔, 모르타르 포설 및 고르기, 석재판 절단 및 붙임, 줄눈채움, 보양 작업을 포함한다.
③ 공구손료 및 경장비(절단기 등)의 기계경비는 인력품의 2%로 계상한다.

- 보완

현 행

7-4-2 앵커지지 공법('19년 보완)

(㎡당)

구 분	단 위	수 량 (석재판 규격)	
		0.3㎡이하	0.3㎡초과~0.8㎡이하
석 공	인	0.39	0.35
보 통 인 부	인	0.15	0.17

[주] ① 본 품은 구조물 벽체에 앵커로 고정하여 석재판을 설치하는 기준이다.
② 앵커 구멍뚫기, 지지철물 설치, 석재판 절단 및 설치, 줄눈코킹 작업을 포함한다.
③ ~~석재설치 후 보양을 하는 경우 '[공통부문] 2-11-1 건축물 보양'에 따른다.~~
④ 공구손료 및 경장비(절단기, 윈치 등)의 기계경비는 인력품의 3%로 계상한다.

개 정(안)

7-4-2 앵커 긴결공법

(일당)

구 분	단 위	수 량	시공량(㎡)	
			0.3㎡이하	0.3㎡초과~0.8㎡이하
석 공	인	3		
줄 눈 공	인	1	10	11
보 통 인 부	인	2		

[주] ① 본 품은 구조물 벽체에 앵커로 고정하여 석재판(비구조요소)을 설치하는 기준이다.
② 본 품은 앵커 구멍뚫기, 지지철물 설치, 석재판 절단 및 설치, 줄눈(코킹) 작업을 포함한다.
③ 공구손료 및 경장비(절단기, 윈치 등)의 기계경비는 인력품의 3%로 계상한다.

구분	현 행	개 정(안)	비고
- 보완	(see below)	(see below)	

현 행

7-4-3 강재트러스 지지공법('19년 보완)

(㎡당)

구 분	단 위	수 량 (석재판 규격)			
		0.3㎡이하		0.3㎡초과~0.8㎡이하	
		강재트러스 설치	석재판 붙임	강재트러스 설치	석재판 붙임
석 공	인	-	0.25	-	0.23
보 통 인 부	인	-	0.16	-	0.15
용 접 공	인	0.20	-	0.18	-
철 공	인	0.07	-	0.06	-

[주] ① 본 품은 구조물 벽체에 강재트러스를 설치한 후 석재판을 설치하는 기준이다.
② 앵커 및 지지철물 설치, 강재트러스 절단 및 용접, 석재판 절단 및 설치, 줄눈(코킹) 작업을 포함한다.
③ ~~석재설치 후 보양을 하는 경우 '[공통부문] 2-11-1 건축물 보양'에 따른다.~~
④ 공구손료 및 경장비(절단기, 용접기 등)의 기계경비는 인력품의 3%로 계상한다.

개 정(안)

7-4-3 강제트러스 지지공법

(일당)

구 분		단 위	수 량	시공량(㎡)	
				0.3㎡이하	0.3㎡초과~0.8㎡이하
하지철물 설치	용 접 공	인	2	11	12
	철 공	인	1		
석재판 붙임	석 공	인	3	13	15
	줄 눈 공	인	1		
	보통인부	인	2		

[주] ① 본 품은 구조물 벽체에 하지철물(각관, 앵글 등) 및 석재판(비구조요소)을 설치하는 기준이다.
② 본 품은 앵커 구멍뚫기, 지지철물 설치, 트러스 절단 및 설치(용접), 석재판 절단 및 설치, 줄눈(코킹) 작업을 포함한다.
③ 공구손료 및 경장비(절단기, 용접기 등)의 기계경비는 인력품의 3%로 계상한다.

– [공통] 제8장 건설기계 –

구분	현 행	개 정(안)	비고

- 보완

현 행

8-3 기계손료

8-3-8 [70]기타기계

(7206) 부착용 집게('07년 신설, '11, '12년 보완)

분류 번호	규격 (㎥)	내용 시간	연간표준 가동시간	상각 비율	정비 비율	연간 관리 비율	시 간 당(10^{-7}) 상각비 계수	정비비 계수	관리비 계수	계
7206-0020	0.2	3,000	890	0.9	1.1	0.1	3,000	3,667	768	7,435
0070	0.6~0.8	3,000	890	0.9	1.1	0.1	3,000	3,667	768	7,435

~~[주] 0.2㎥는 철도용 회전집게이며, 0.6~0.8㎥는 임목파쇄기용 부착집게를 의미한다.~~

개 정(안)

8-3 기계손료

8-3-8 [70]기타기계

(7206) 부착용 집게

분류 번호	규격 (㎥)	내용 시간	연간표준 가동시간	상각 비율	정비 비율	연간 관리 비율	시 간 당(10^{-7}) 상각비 계수	정비비 계수	관리비 계수	계
7206-0020	0.2	3,000	890	0.9	1.1	0.1	3,000	3,667	768	7,435
0070	0.6~0.8	3,000	890	0.9	1.1	0.1	3,000	3,667	768	7,435
0100	1.0	3,000	890	0.9	1.1	0.1	3,000	3,667	768	7,435

- 신설

개 정(안)

8-3-9 [80]스마트 건설장비

(8205) 지능형 다짐공 시스템

분류 번호	규격 (㎥)	내용 시간	연간표준 가동시간	상각 비율	정비 비율	연간 관리 비율	시 간 당(10^{-7}) 상각비 계수	정비비 계수	관리비 계수	계
8205 -0100	지능형 다짐공 시스템	5,000	1,250	0.9	0.8	0.1	1,800	1,600	530	3,930

[주] 지능형 다짐공 시스템은 다짐 롤러에 탑재된 지능형 다짐 시스템(GNSS, 가속도계 센서, 관제 장치 등)을 이용하여 다짐 횟수, 지반 강성 등을 실시간으로 관리하고, 그 기록을 데이터화하는 지능형 다짐 시스템을 말한다.

<table>
<tr><th>구분</th><th>현 행</th><th>개 정(안)</th><th>비고</th></tr>
<tr><td>- 보완</td><td>8-5 기계가격
8-5-8 [70]기타기계
<table><tr><th>기 종</th><th>분류번호</th><th>가격(₩)</th></tr><tr><td>부 착 용 집 게</td><td>7206-0020
7206-0070</td><td>4,833
7,610</td></tr></table></td><td>8-5 기계가격
8-5-8 [70]기타기계
<table><tr><th>기 종</th><th>분류번호</th><th>가격(₩)</th></tr><tr><td>부 착 용 집 게</td><td>7206-0020
7206-0070
7206-0100</td><td>4,833
7,610
9,331</td></tr></table></td><td></td></tr>
<tr><td>- 신설</td><td></td><td>8-5-9 [80]스마트 건설장비
<table><tr><th>기 종</th><th>분류번호</th><th>가격(₩)</th></tr><tr><td>지 능 형 다 짐 공 시 스 템</td><td>8205-0100</td><td>20,000</td></tr></table></td><td></td></tr>
</table>

– [토목] 제1장 도로포장공사 –

<table>
<tr><th>구분</th><th>현 행</th><th>개 정(안)</th><th>비고</th></tr>
<tr><td>- 보완</td><td>1-8-9 차선도색('08, '14, '16, '17, '20, '25년 보완)
1. 차선 밑그림

- 본문 생략 -

[주] ① 본 품은 도로 신설공사의 차선도색을 위한 사전 밑그림 작업 기준이다.
② 본 품은 먹줄치기, 밑그림 도색 작업을 포함한다.
③ 트럭은 자재, 공구 및 경장비의 현장내 운반 작업에 적용한다.
④ 사전 청소가 필요한 경우에는 별도 계상한다.</td><td>1-8-9 차선도색
1. 차선 밑그림

- 본문 생략 -

[주] ① 본 품은 도로 신설공사의 차선도색을 위한 사전 밑그림 작업 기준이다.
② 본 품은 먹줄치기, 밑그림 도색 작업을 포함한다.
③ 트럭은 자재, 공구 및 경장비의 현장내 운반 작업에 적용한다.
④ 사전 청소가 필요한 경우에는 별도 계상한다.
⑤ 잡재료 및 소모재료는 주재료비의 1%로 계상한다.</td><td></td></tr>
</table>

- [토목] 제4장 궤도공사 -

구분	현 행	개 정(안)	비고

- 적정검토

현 행

4-2 자갈궤도

4-2-1 궤광조립('11년 신설, '19년 보완)

(일당)

구 분	규 격	단 위	수 량	시공량 (m)	
				단선	복선
궤 도 공		인	16	250	270
보 통 인 부		인	4		
측 량 중 급 기 술 자		인	1		
지 게 차	5ton	대	1		
굴 착 기 + 부 착 용 집 게	0.2㎥	대	1		
비 고	- 50kg 레일은 시공량을 5%까지 증하여 적용한다				

[주] ① 본 품은 PCT 구간 60kg레일의 일반철도 기준이다.
② 중심선측량, 레일배열, 침목배열, 레일침목위올리기, 침목위치정정, 궤광조립을 포함한다.
③ 작업현장까지 자재 운반은 별도 계상한다.
④ 투입장비는 작업여건에 따라 장비조합을 변경하여 적용할 수 있다.

개 정(안)

4-2 자갈궤도

4-2-1 궤광조립

(일당)

구 분	규 격	단 위	수 량	시공량 (m)	
				단선	복선
궤 도 공		인	16	현행과 동일	
보 통 인 부		인	4		
측 량 중 급 기 술 자		인	1		
지 게 차	5ton	대	1		
굴 착 기 + 부 착 용 집 게	0.2㎥	대	1		
비 고	- 50kg 레일은 시공량의 5%를 증하여 적용한다.				

[주] ① 본 품은 PCT 구간 60kg레일의 일반철도 기준이다.
② 정위치확인, 레일배열, 침목배열, 레일침목위 올리기, 침목위치정정, 궤광조립을 포함한다.
③ 작업위치까지 자재 운반은 별도 계상한다.
④ 투입장비는 작업여건에 따라 장비조합을 변경하여 적용할 수 있다.

- 적정검토

현 행

4-2-2 궤도양로('11년 신설, '19년 보완)

(일당)

구 분	규 격	단 위	수 량	시공량 (m)
궤 도 공		인	4	250
보 통 인 부		인	2	
측 량 중 급 기 술 자		인	1	
양 로 기	11.19㎾	대	1	
비 고	- 50kg 레일은 시공량을 5%까지 증하여 적용한다			

[주] ① 본 품은 60kg레일의 1회 양로작업(50㎜) 기준이다.
② 1차 갠자갈 살포작업 후 양로기(11.19㎾)를 사용하여 1종 작업을 위한 작업단면을 형성하는 것이며, 삽다짐 및 측량을 포함한다.

개 정(안)

4-2-2 궤도양로

(일당)

구 분	규 격	단 위	수 량	시공량 (m)
궤 도 공		인	4	현행과 동일
보 통 인 부		인	2	
측 량 중 급 기 술 자		인	1	
양 로 기	11.19㎾	대	1	
비 고	- 50kg 레일은 시공량의 5%를 증하여 적용한다.			

[주] ① 본 품은 60kg레일의 1회 양로작업 기준이며, 갠자갈 살포작업 후 양로기(11.19㎾)를 사용하여 1종 작업을 위한 작업단면을 형성하는 것이다.
② 소형장비다짐 및 시공 중 정위치확인을 포함한다.

구분	현 행	개 정(안)	비고
- 적정검토	(see below: 현행)	(see below: 개정안)	

현 행

4-3 콘크리트 궤도

4-3-1 궤광조립('11년 신설, '19년 보완)

(일당)

구 분		규 격	단 위	수 량	시공량(m)
침목 매립식	궤 도 공		인	16	250
	보 통 인 부		인	4	
	측 량 중 급 기 술 자		인	1	
	지 게 차	5ton	대	1	
	굴착기+부착용집게	0.2㎥	대	1	
직 결 식	궤 도 공		인	16	
	보 통 인 부		인	6	
	측 량 중 급 기 술 자		인	1	
	지 게 차	5ton	대	1	
	굴착기+부착용집게	0.2㎥	대	0.5	
비 고	- 단선궤도는 시공량을 5%까지 감하여 적용한다				

[주] ① 본 품은 60kg 레일의 복선 일반철도 기준이다.
② 중심선측량, 레일배열, 침목배열, 레일침목위 올리기, 침목 위치정정, 궤광조립을 포함한다.
③ 현장까지 자재 운반은 별도 계상한다.
④ 투입장비는 작업여건에 따라 장비조합을 변경하여 적용할 수 있다.
⑤ 기타 기계경비는 별도 계상한다.

개 정(안)

4-3 콘크리트 궤도

4-3-1 궤광조립

(일당)

구 분		규 격	단 위	수 량	시공량(m)
침목 매립식 (분리형)	궤 도 공		인	16	현행과 동일
	보 통 인 부		인	4	
	측 량 중 급 기 술 자		인	1	
	지 게 차	5ton	대	1	
	굴착기+부착용집게	0.2㎥	대	1	
침목 매립식 (직결형)	궤 도 공		인	16	현행과 동일
	보 통 인 부		인	6	
	측 량 중 급 기 술 자		인	1	
	지 게 차	5ton	대	1	
	굴착기+부착용집게	0.2㎥	대	0.5	
비 고	- 단선궤도는 시공량을 5%까지 감하여 적용한다				

[주] ① 본 품은 60kg 레일의 복선 일반철도 기준이다.
② 정위치확인, 레일배열, 침목배열, 레일침목위 올리기, 침목 위치정정, 궤광조립을 포함한다.
③ 현장까지 자재 운반은 별도 계상한다.
④ 투입장비는 작업여건에 따라 장비조합을 변경하여 적용할 수 있다.
⑤ 기타 기계경비는 별도 계상한다.

구분	현행	개정(안)	비고
- 보완	(see below)	(see below)	

- 보완

현행

4-4 분기기

4-4-1 분기기 부설('11년 신설, '19년 보완)

(틀당)

구분	규격	단위	수량
궤도공		인	9
보통인부		인	3
측량중급기술자		인	1
크레인	50ton	hr	3
굴착기+부착용집게	0.2㎥	hr	12

비고: - 분기기 종류에 따라 다음의 할증을 적용한다

구분		#8	#10	#12	#15	#18
할증률	50kg	0.70	0.82	0.92	1.15	1.33
	60kg	0.75	0.90	1.00	1.20	1.39

[주] ① 본 품은 자갈궤도에서 #12 탄성분기기(PCT침목, 60kg레일)를 분해된 상태에서 현장 재조립하는 기준이다.
② 포인트부를 제외한 모든 침목이 분해된 상태로 반입된 분기기를 기준한다.
③ 분기기 운반에 소요되는 운반비는 별도 계상한다.
④ 분기기 부설시 소요되는 용접은 별도 계상한다.

개정(안)

4-4 분기기

4-4-1 분기기 부설

(틀당)

구분	규격	단위	수량
궤도공		인	9
보통인부		인	3
측량중급기술자		인	1
크레인	50ton	hr	3
굴착기+부착용집게	0.2㎥	hr	12

비고: - 분기기 종류에 따라 다음의 할증을 적용한다

구분		#8	#10	#12	#15	#18.5	#26
할증률	50kg	0.70	0.82	0.92	1.15	1.33	1.56
	60kg	0.75	0.90	1.00	1.20	1.39	1.62

[주] ① 본 품은 자갈궤도에서 #12 탄성분기기(PCT침목, 60kg레일)를 분해된 상태에서 현장 재조립하는 기준이다.
② 포인트부를 제외한 모든 침목이 분해된 상태로 반입된 분기기를 기준한다.
③ 분기기 운반에 소요되는 운반비는 별도 계상한다.
④ 분기기 부설시 소요되는 용접은 '[토목부문] 4-5 궤도용접'을 따른다.

- 적정검토

현행

4-4-2 신축이음매 부설('11년 신설)

(틀당)

구분	규격	단위	수량 일단	수량 양단
궤도공		인	0.25	0.50
보통인부		인	0.13	0.25
측량중급기술자		인	0.06	0.13
크레인	20ton	hr	0.33	0.66

[주] ① 본 품은 조립된 상태의 신축이음매(60kg레일)에 대한 조립 및 위치조정하는 기준이다.
② 신축이음매 운반에 소요되는 운반비는 별도 계상한다.
③ 신축이음매 부설시 소요되는 용접은 별도 계상한다.

개정(안)

4-4-2 신축이음매 부설('11년 신설)

(틀당)

구분	규격	단위	수량 일단	수량 양단
궤도공		인	0.25	0.50
보통인부		인	0.13	0.25
측량중급기술자		인	0.06	0.13
크레인	20ton	hr	0.33	0.66

[주] ① 본 품은 조립된 상태의 신축이음매(60kg레일)에 대한 조립 및 위치조정하는 기준이다.
② 신축이음매 운반에 소요되는 운반비는 별도 계상한다.
③ 신축이음매 부설시 소요되는 용접은 '[토목부문] 4-5 궤도용접'을 따른다.

- [토목] 제9장 측량 -

구분	현 행	개 정(안)	비고

- 보완

현 행

9-2 수준측량

9-2-2 1급 수준측량

작업구분	일수	인원수												비고
		1일당						합계						
		특급기술자	고급기술자	중급기술자	초급기술자	초급기능사(측량)	인부	특급기술자	고급기술자	중급기술자	초급기술자	초급기능사(측량)	인부	
계획준비	(1)	(0.5)	(0.5)	(1)	–	–	–	(0.5)	(0.5)	(1)	–	–	–	( )내는 내업을 표시함
답사선점	1	–	–	1	–	–	–	–	–	1	–	–	–	
관측	10	–	0.2	1	1	1	1	–	2	10	10	10	10	
계산	(1)	–	(0.5)	(0.5)	–	–	–	–	(0.5)	(0.5)	–	–	–	
정리점검	(1)	(0.5)	(0.5)	(1)	–		–	(0.5)	(0.5)	(1)	–	–	–	
계								– (1)	2 (1.5)	11 (2.5)	10 –	10 –	10 –	

[주]① 본 수준측량용 레벨은 기포관감도 40"/2㎜(원형기포관10'/2㎜)이상 이어야 한다.

② 수준측량은 직접수준측량방법 또는 도해(하) 수준측량방법에 의한다.

③ 표척의 시준거리는 최대 70m 이내를 기준으로 한 것이며, 표척의 읽음 단위는 1㎜, 읽음 방법은 후시-전시로 한다.

④ 작업방법은 공공측량 작업규정에 의한다.

⑤ 본 품은 시준거리 최대 70m를 유지할 수 있는 지대의 평지를 기준으로 한 것이며, 지형의 유형에 따라 다음의 계수 값 이내를 가산한다.

ㅇ지형 유형에 따른 계수(K)

개 정(안)

9-2 수준측량

9-2-2 1급 수준측량

작업구분		단위	특 급 기술자	고 급 기술자	중 급 기술자	초 급 기술자	인부	비 고
계획준비		15km	(1.00)	(1.00)				( )내는 내업을 표시함
답사				0.81	0.81			
선점	표석	점		2.00	2.00			
매설	동판				0.05	0.05		
	표석				1.50	1.50	3.00	
관측		15km	3.38	11.29	11.29	22.58	11.29	
계산				(0.90)	(0.90)			
성과정리			(0.45)	(0.45)	(0.45)			
계	답사/관측 내업	15km	3.38 (1.45)	12.10 (2.35)	12.10 (1.35)	22.58	11.29	
	표석 선점/매설	점		2.00	3.50	1.50	3.00	
	동판 매설				0.05	0.05		

[주]① 본 품은 기본수준측량 외 수준측량을 대상으로 적용하며, 작업방법 및 장비는 국토지리정보원에서 정한 공공측량 작업규정에 의한다.

② **수준측량은 직접수준측량방법 또는 도해(하) 수준측량방법에 의한다.**

③ 동판 선점품의 경우 답사품에 포함되어 있다.

④ 본 품은 관측시 안전을 위해 표척수 뒤에 배치되는 신호수 2인(초급기술자 1인, 인부 1인)이 포함되어 있다.

⑤ **본 품은** 표준지형 수준점간 표고차 100m이하 **기준으로 한 것이며,** 관측의 경우 지형/표고차 **유형에 따라 다음의 계수 값 이내를 가산한다.**

ㅇ 지형/표고차 **유형에 따른 계수(K)**

지형구분	계수	비고
~~밀 집 시 가 지~~	~~1.30~~	~~건물 및 도로가 시가지 면적의 90%이상 지형~~
~~시 가 지~~	~~1.20~~	~~건물 및 도로가 시가지 면적의 70%이상 지형~~
~~평 지~~	~~1.00~~	~~평탄한 평야지형~~
~~산 지~~	~~1.10~~	~~시가지 주변 및 촌락의 소도시를 포함한 구릉지형~~
~~산 악 지~~	~~1.30~~	~~수목이 우거진 야산지대 및 교통이 불편한 산지로 된 지형~~

⑥ 본 품은 15Km (왕복 30Km) 구간을 기준으로 한 것이므로 작업량에 따라 다음의 값을 가산한다.

ㅇ 작업량에 따른 계수(P)

작업량(거리:㎞)	5	~~10~~	15	20	25	30	비 고
계 수	~~1.40~~	~~1.10~~	1.00	0.95	0.92	0.90	

ㅇ 작업량에 따른 계수(P) = 0.8 + $\frac{3}{작업량(점수)}$

ㅇ 작업량이 30km 이상인 경우에도 작업량계수(P)는 0.90으로 적용한다.

⑦ 측량표의 설치 자재운반에 따르는 차량비 등은 실정에 따라 별도 계상한다.

⑧ 보상비, 재료비, 소모품비, 차량비 등은 실정에 따라 별도 계상한다.

⑨ 도해(하) 수준측량은 거리에 관계없이 1구간당 2~3시간 소요되는 것으로 보며, 이에 소요되는 측표, 재료비 및 용선료 등은 별도 계상한다.

⑩ 기지점과 작업지역을 연결하기 위한 측량은 별도 계상한다.

⑪ 본 품의 외업에 동원되는 기술인원에 대한 여비는 국토교통부장관이 고시한 측량용역대가기준에 따라 별도 계상한다.

⑫ 본 품에서 점검측량 및 성과심사에 소요되는 비용은 별도 계상한다. 다만, 성과심사비는 국토교통부장관이 고시한 측량성과 심사수탁기관의 심사업무 및 지정절차 등에 관한 규정에 따른다.

⑬ 본 품에서 사용되는 측량기기의 상각비·정비비는 별도 계상한다.

⑭ 본 품에는 다음의 성과작성품이 포함되어 있다.

㉮ 관측성과표 및 조정성과표 1부

㉯ 관측성과 기록데이터 1부

㉰ 수준노선부 1부

㉱ 계 산 부 1부

㉲ 점의 조서 1부

㉳ 기타자료(정확도관리표, 점검측량부, 측량표의지상사진, 측량표설치위치통지

지형	표고차	계수	비고
표준	100m 이하	1.00	① 국토지형분류에 따라 노선의 80% 이상이 해당 지형 분류에 포함되는 경우 적용 ② 표고차: 수준점간 표고차 기준 ③ 관측공정만 해당
	100m 초과 200m 이하	1.10	
	200m 초과	1.20	
산악지	100m 이하	1.25	
	100m 초과 200m 이하	1.35	
	200m 초과	1.45	
시가지	100m 이하	1.25	
	100m 초과 200m 이하	1.40	
	200m 초과	1.55	

⑥ 본 품은 15Km (왕복 30Km) 구간을 기준으로 한 것이므로 작업량에 따라 다음의 값을 가산한다.(선점, 매설품은 제외)

ㅇ 작업량에 따른 계수(P)

작업량(거리:㎞)	15이내	20	25	30	비고
계수	1	0.95	0.92	0.9	

ㅇ 작업량에 따른 계수(P) = 0.8 + $\frac{3}{작업량(점수)}$

ㅇ 작업량이 30km 이상인 경우에도 작업량계수(P)는 0.90으로 적용한다.

⑦ 측량표의 설치 자재운반에 따르는 차량비 등은 실정에 따라 별도 계상한다.

⑧ 보상비, 재료비, 소모품비, 차량비 등은 실정에 따라 별도 계상한다.

⑨ 도해(하) 수준측량은 거리에 관계없이 1구간당 2~3시간 소요되는 것으로 보며, 이에 소요되는 측표, 재료비 및 용선료 등은 별도 계상한다.

⑩ 기지점과 작업지역을 연결하기 위한 측량은 별도 계상한다.

⑪ 본 품의 외업에 동원되는 기술인원에 대한 여비는 국토지리정보원장이 고시한 측량대가의 기준에 따라 별도 계상한다.

⑫ 본 품에서 점검측량 및 성과심사에 소요되는 비용은 별도 계상한다. 다만, 성과심사비는 국토지리정보원장이 고시한 측량성과 심사수탁기관의 심사업무 및 지정절차 등에 관한 규정에 따른다.

⑬ 본 품에서 사용되는 측량기기의 상각비·정비비는 별도 계상한다.

⑭ 노선의 70% 이상이 터널, 교량에 해당하는 경우 관측 공정에 60%의 할증을 적용할 수 있다.

서, 기준점 현황조사서)

⑮ 기본수준측량과 같은 정확도와 방식으로 시행할 때에는 "기본수준측량" 품을 적용하여야 한다.

[계산예]

1) 25km(왕복 50km) 측량할 경우
2) 구릉 지형인 경우

[수량계산]

구분	수량(T)	단가	금액
특급기술자	1.0×25/15×1.10×0.92= 1.68	w1	W1= 1.68×w1
고급기술자	3.5×25/15×1.10×0.92= 5.90	w2	W2= 5.90×w2
중급기술자	13.5×25/15×1.10×0.92=22.77	w3	W3=22.77×w3
초급기술자	10.0×25/15×1.10×0.92=16.87	w4	W4=16.87×w4
초급기능사(측량)	10.0×25/15×1.10×0.92=16.87	w5	W5=16.87×w5
인부	10.0×25/15×1.10×0.92=16.87	w6	W6=16.87×w6
계			ΣWi

수량(T) 산정식은 다음과 같다.

T = 인원수×작업량×K

여기서, K는 지형유형에 따른 계수 = 1.10

P는 작업량에 따른 계수=0.92

⑮ 기본 수준측량과 같은 정확도와 방식으로 시행할 때에는 "기본 수준측량" 품을 적용하여야 한다.

[계산예]

1급 수준점 5점을 설치할 경우(관측 20km, 표석 2점, 동판 3점)

표준지형 표고차 "100m 이하" 해당거리 10km
산악지지형 표고차 "100m 초과 200m 이하" 해당 거리 5km
시가지지형 표고차 "200m 초과" 해당 거리 5km

[수량계산]

구분			수량(T)	단가	금액
관측	표준	특급기술자	3.38×(20/15)×(10/20×1.00)×0.95 = 2.1	w_1	W1 = 2.1×w_1
		고급기술자	11.29×(20/15)×(10/20×1.00)×0.95 = 7.1	w_2	W2 = 7.1×w_2
		중급기술자	11.29×(20/15)×(10/20×1.00)×0.95 = 7.1	w_3	W3 = 7.1×w_3
		초급기술자	22.58×(20/15)×(10/20×1.00)×0.95 = 14.3	w_4	W4 =14.3×w_4
		인부	11.29×(20/15)×(10/20×1.00)×0.95 = 7.1	w_5	W5 = 7.1×w_5
	산악지	특급기술자	3.38×(20/15)×(5/20×1.35)×0.95 = 1.4	w_6	W6 = 1.4×w_6
		고급기술자	11.29×(20/15)×(5/20×1.35)×0.95 = 4.8	w_7	W7 = 4.8×w_7
		중급기술자	11.29×(20/15)×(5/20×1.35)×0.95 = 4.8	w_8	W8 = 4.8×w_8
		초급기술자	22.58×(20/15)×(5/20×1.35)×0.95 = 9.6	w_9	W9 = 9.6×w_9
		인부	11.29×(20/15)×(5/20×1.35)×0.95 = 4.8	w_{10}	W10= 4.8×w_{10}
	시가지	특급기술자	3.38×(20/15)×(5/20×1.55)×0.95 = 1.6	w_{11}	W11= 1.6×w_{11}
		고급기술자	11.29×(20/15)×(5/20×1.55)×0.95 = 5.5	w_{12}	W12= 5.5×w_{12}
		중급기술자	11.29×(20/15)×(5/20×1.55)×0.95 = 5.5	w_{13}	W13= 5.5×w_{13}
		초급기술자	22.58×(20/15)×(5/20×1.55)×0.95 = 11.0	w_{14}	W14=11.0×w_{14}
		인부	11.29×(20/15)×(5/20×1.55)×0.95 = 2.7	w_{15}	W15= 2.7×w_{15}
계획준비, 답사, 계산, 성과정리		특급기술자	1.45×(20/15)×0.95 = 1.8	w_{16}	W16= 1.8×w_{16}
		고급기술자	3.16×(20/15)×0.95 = 4.0	w_{17}	W17= 4.0×w_{17}
		중급기술자	2.16×(20/15)×0.95 = 2.7	w_{18}	W18= 2.7×w_{18}
선점, 매설		고급기술자	2.00×2 = 4.0	w_{19}	W19= 4.0×w_{19}
		중급기술자	3.50×2+0.05×3 = 7.1	w_{20}	W20= 7.1×w_{20}
		초급기술자	1.50×2+0.05×3 = 3.1	w_{21}	W21= 3.1×w_{21}
		인부	3.00×2 = 6.0	w_{22}	W22= 6.0×w_{22}
계					ΣWi

*수량(T) 산정식은 다음과 같다.

T = 인원수×작업량×K×P

여기서, K는 지형/표고차유형에 따른 계수로 관측공정에만 해당하며, P는 작업량에 따른 계수로 선점, 매설공정에는 해당하지 않는다.

구분	현 행	개 정(안)	비고
- 보완	(아래 현행 참조)	(아래 개정(안) 참조)	

현 행

9-2-3 2급 수준측량

작업구분	일수	인원수 1일당 특급기술자	고급기술자	중급기술자	초급기술자	초급기능사(측량)	인부	인원수 합계 특급기술자	고급기술자	중급기술자	초급기술자	초급기능사(측량)	인부	비고
계획준비	(1)	(0.5)	(0.5)	(1)	–	–	–	(0.5)	(0.5)	(1)	–	–	–	()내는 내업을 표시함
답사선점	1	–	–	1	–	–	–	–	–	1	–	–	–	
관측	10	–	0.2	1	1	1	1	–	2	10	10	10	10	
계산	(1)	–	(0.5)	(0.5)	–	–	–	–	(0.5)	(0.5)	–	–	–	
정리점검	(1)	(0.5)	(0.5)	(1)	–		–	(0.5)	(0.5)	(1)	–	–	–	
계								– (1)	2 (1.5)	11 (2.5)	10 –	10 –	10 –	

[주]① 본 수준측량용 레벨은 기포관감도 40"/2㎜(원형기포관10'/2㎜)이상 이어야 한다.

② 수준측량은 직접수준측량방법 또는 도해(하) 수준측량방법에 의한다.

③ 표척의 시준거리는 최대 70m 이내를 기준으로 한 것이며, 표척의 읽음 단위는 1㎜, 읽음 방법은 후시-전시로 한다.

④ 작업방법은 공공측량 작업규정에 의한다.

⑤ 본 품은 시준거리 최대 70m를 유지할 수 있는 지대의 평지를 기준으로 한 것이며, 지형의 유형에 따라 다음의 계수 값 이내를 가산한다.

ㅇ지형 유형에 따른 계수(K)

지형구분	계수	비고
밀집시가지	1.30	건물 및 도로가 시가지 면적의 90%이상 지형
시가지	1.20	건물 및 도로가 시가지 면적의 70%이상 지형
평지	1.00	평탄한 평야지형
산지	1.10	시가지 주변 및 촌락의 소도시를 포함한 구릉지형
산악지	1.30	수목이 우거진 야산지대 및 교통이 불편한 산지로 된 지형

⑥ 본 품은 15Km (왕복 30Km) 구간을 기준으로 한 것이므로 작업량에 따라 다음의 값을 가산한다.

개 정(안)

9-2-3 2급 수준측량

작업구분		단위	특 급 기술자	고 급 기술자	중 급 기술자	초 급 기술자	인부	비 고
계획준비		15km	(1.00)	(1.00)				( )내는 내업을 표시함
답사				0.81	0.81			
선점	표석	점		2.00	2.00			
매설	동판				0.05	0.05		
	표석				1.50	1.50	3.00	
관측		15km	3.02	10.09	10.09	20.18	10.09	
계산				(0.84)	(0.84)			
성과정리			(0.45)	(0.45)	(0.45)			
계	답사/관측 내업	15km	3.02 (1.45)	10.90 (2.29)	10.90 (1.29)	20.18	10.09	
	표석 선점/매설	점		2.00	3.50	1.50	3.00	
	동판 매설				0.05	0.05		

[주]① 본 품은 기본수준측량 외 수준측량을 대상으로 적용하며, 작업방법 및 장비는 국토지리정보원에서 정한 공공측량 작업규정에 의한다.

② 수준측량은 직접수준측량방법 또는 도해(하) 수준측량방법에 의한다.

③ 동판 선점품의 경우 답사품에 포함되어 있다.

④ 본 품은 관측시 안전을 위해 표척수 뒤에 배치되는 신호수 2인(초급기술자 1인, 인부 1인)이 포함되어 있다.

⑤ 본 품은 표준지형 수준점간 표고차 100m이하 기준으로 한 것이며, 관측의 경우 지형/표고차 유형에 따라 다음의 계수 값 이내를 가산한다.

ㅇ 지형/표고차 유형에 따른 계수(K)

지형	표고차	계수	비고
표준	100m 이하	1.00	① 국토지형분류에 따라 노선의 80% 이상이 해당 지형 분류에 포함되는 경우 적용 ② 표고차: 수준점간 표고차 기준 ③ 관측공정만 해당
	100m 초과 200m 이하	1.10	
	200m 초과	1.20	
산악지	100m 이하	1.25	
	100m 초과 200m 이하	1.35	
	200m 초과	1.45	
시가지	100m 이하	1.25	
	100m 초과 200m 이하	1.40	
	200m 초과	1.55	

⑥ 본 품은 15Km (왕복 30Km) 구간을 기준으로 한 것이므로 작업량에 따라 다음의 값을 가산한다.(선점, 매설품은 제외)

ㅇ 작업량에 따른 계수(P)

작업량(거리:㎞)	5	10	15	20	25	30	비 고
계 수	~~1.40~~	~~1.10~~	1.00	0.95	0.92	0.90	

ㅇ 작업량에 따른 계수(P) = $0.8 + \frac{3}{작업량(점수)}$

ㅇ 작업량이 30km 이상인 경우에도 작업량계수(P)는 0.90으로 적용한다.

⑦ 측량표의 설치 자재운반에 따르는 차량비 등은 실정에 따라 별도 계상한다.

⑧ 보상비, 재료비, 소모품비, 차량비 등은 실정에 따라 별도 계상한다.

⑨ 도해(하) 수준측량은 거리에 관계없이 1구간당 2~3시간 소요되는 것으로 보며, 이에 소요되는 측표, 재료비 및 용선료 등은 별도 계상한다.

⑩ 기지점과 작업지역을 연결하기 위한 측량은 별도 계상한다.

⑪ 본 품의 외업에 동원되는 기술인원에 대한 여비는 국토교통부장관이 고시한 측량용역대가기준에 따라 별도 계상한다.

⑫ 본 품에서 점검측량 및 성과심사에 소요되는 비용은 별도 계상한다. 다만, 성과심사비는 국토교통부장관이 고시한 측량성과 심사수탁기관의 심사업무 및 지정절차 등에 관한 규정에 따른다.

⑬ 본 품에서 사용되는 측량기기의 상각비·정비비는 별도 계상한다.

⑭ 본 품에는 다음의 성과작성품이 포함되어 있다.

㉮ 관측성과표 및 조정성과표 1부

㉯ 관측성과 기록데이터 1부

㉰ 수준노선부 1부

㉱ 계 산 부 1부

㉲ 점의 조서 1부

㉳ 기타자료(정확도관리표, 점검측량부, 측량표의지상사진, 측량표설치위치통지서, 기준점 현황조사서)

⑮ 기본수준측량과 같은 정확도와 방식으로 시행할 때에는 "기본수준측량" 품을 적용하여야 한다.

[계산예]

1) 25km(왕복 50km) 측량할 경우
2) 구릉 지형인 경우

ㅇ 작업량에 따른 계수(P)

작업량(거리:㎞)	15이내	20	25	30	비고
계수	1	0.95	0.92	0.9	

ㅇ 작업량에 따른 계수(P) = $0.8 + \frac{3}{작업량(점수)}$

ㅇ 작업량이 30km 이상인 경우에도 작업량계수(P)는 0.90으로 적용한다.

⑦ 측량표의 설치 자재운반에 따르는 차량비 등은 실정에 따라 별도 계상한다.

⑧ 보상비, 재료비, 소모품비, 차량비 등은 실정에 따라 별도 계상한다.

⑨ 도해(하) 수준측량은 거리에 관계없이 1구간당 2~3시간 소요되는 것으로 보며, 이에 소요되는 측표, 재료비 및 용선료 등은 별도 계상한다.

⑩ 기지점과 작업지역을 연결하기 위한 측량은 별도 계상한다.

⑪ 본 품의 외업에 동원되는 기술인원에 대한 여비는 국토지리정보원장이 고시한 측량대가의 기준에 따라 별도 계상한다.

⑫ 본 품에서 점검측량 및 성과심사에 소요되는 비용은 별도 계상한다. 다만, 성과심사비는 국토지리정보원장이 고시한 측량성과 심사수탁기관의 심사업무 및 지정절차 등에 관한 규정에 따른다.

⑬ 본 품에서 사용되는 측량기기의 상각비·정비비는 별도 계상한다.

⑭ 노선의 70% 이상이 터널, 교량에 해당하는 경우 관측 공정에 60%의 할증을 적용할 수 있다.

⑮ 기본 수준측량과 같은 정확도와 방식으로 시행할 때에는 "기본 수준측량" 품을 적용하여야 한다.

[계산예]

2급 수준점 5점을 설치할 경우(관측 20km, 표석 2점, 동판 3점)

표준지형 표고차 "100m 이하" 해당거리 10km
산악지지형 표고차 "100m 초과 200m 이하" 해당 거리 5km
시가지지형 표고차 "200m 초과" 해당 거리 5km

[수량계산]

구분	수량(T)	단가	금액
특급기술자	1.0×25/15×1.10×0.92= 1.68	w1	W1= 1.68×w1
고급기술자	3.5×25/15×1.10×0.92= 5.90	w2	W2= 5.90×w2
중급기술자	13.5×25/15×1.10×0.92=22.77	w3	W3=22.77×w3
초급기술자	10.0×25/15×1.10×0.92=16.87	w4	W4=16.87×w4
초급기능사(측량)	10.0×25/15×1.10×0.92=16.87	w5	W5=16.87×w5
인부	10.0×25/15×1.10×0.92=16.87	w6	W6=16.87×w6
계			ΣWi

수량(T) 산정식은 다음과 같다.

T = 인원수×작업량×K

여기서, K는 지형유형에 따른 계수 = 1.10

P는 작업량에 따른 계수=0.92

[수량계산]

구분			수량(T)	단가	금액
관측	표준	특급기술자	3.02×(20/15)×(10/20×1.00)×0.95 = 1.9	w_1	W1 = 1.9×w_1
		고급기술자	10.09×(20/15)×(10/20×1.00)×0.95 = 6.3	w_2	W2 = 6.3×w_2
		중급기술자	10.09×(20/15)×(10/20×1.00)×0.95 = 6.3	w_3	W3 = 6.3×w_3
		초급기술자	20.18×(20/15)×(10/20×1.00)×0.95 = 12.7	w_4	W4 =12.7×w_4
		인부	10.09×(20/15)×(10/20×1.00)×0.95 = 6.3	w_5	W5 = 6.3×w_5
	산악지	특급기술자	3.02×(20/15)×(5/20×1.35)×0.95 = 1.2	w_6	W6 = 1.2×w_6
		고급기술자	10.09×(20/15)×(5/20×1.35)×0.95 = 4.3	w_7	W7 = 4.3×w_7
		중급기술자	10.09×(20/15)×(5/20×1.35)×0.95 = 4.3	w_8	W8 = 4.3×w_8
		초급기술자	20.18×(20/15)×(5/20×1.35)×0.95 = 8.6	w_9	W9 = 8.6×w_9
		인부	10.09×(20/15)×(5/20×1.35)×0.95 = 4.3	w_{10}	W10= 4.3×w_{10}
	시가지	특급기술자	3.02×(20/15)×(5/20×1.55)×0.95 = 1.4	w_{11}	W11= 1.4×w_{11}
		고급기술자	10.09×(20/15)×(5/20×1.55)×0.95 = 4.9	w_{12}	W12= 4.9×w_{12}
		중급기술자	10.09×(20/15)×(5/20×1.55)×0.95 = 4.9	w_{13}	W13= 4.9×w_{13}
		초급기술자	20.18×(20/15)×(5/20×1.55)×0.95 = 9.9	w_{14}	W14= 9.9×w_{14}
		인부	10.09×(20/15)×(5/20×1.55)×0.95 = 4.9	w_{15}	W15= 4.9×w_{15}
계획준비, 답사, 계산, 성과정리		특급기술자	1.45×(20/15)×0.95 = 1.8	w_{16}	W16= 1.8×w_{16}
		고급기술자	3.10×(20/15)×0.95 = 3.9	w_{17}	W17= 3.9×w_{17}
		중급기술자	2.10×(20/15)×0.95 = 2.6	w_{18}	W18= 2.6×w_{18}
선점, 매설		고급기술자	2.00×2 = 4.0	w_{19}	W19= 4.0×w_{19}
		중급기술자	3.50×2+0.05×3 = 7.1	w_{20}	W20= 7.1×w_{20}
		초급기술자	1.50×2+0.05×3 = 3.1	w_{21}	W21= 3.1×w_{21}
		인부	3.00×2 = 6.0	w_{22}	W22= 6.0×w_{22}
계					ΣWi

*수량(T) 산정식은 다음과 같다.

T = 인원수×작업량×K×P

여기서, K는 지형/표고차유형에 따른 계수로 관측공정에만 해당하며, P는 작업량에 따른 계수로 선점, 매설공정에는 해당하지 않는다.

구분	현 행	개 정(안)	비고
- 신설		9-2-4 3급 수준측량 (아래 참조)	

9-2-4 3급 수준측량

작업구분		단위	특 급 기술자	고 급 기술자	중 급 기술자	초 급 기술자	인부	비 고
계획준비		15km	(1.00)	(1.00)				( )내는 내업을 표시함
답사				0.81	0.81			
선점	표석	점		2.00	2.00			
매설	동판				0.05	0.05		
	표석				1.50	1.50	3.00	
관측		15km	2.14	7.15	7.15	14.30	7.15	
계산				(0.34)	(0.34)			
성과정리			(0.45)	(0.45)	(0.45)			
계	답사/관측 내업	15km	2.14 (1.45)	7.96 (1.79)	7.96 (0.79)	14.30	7.15	
	표석 선점/매설	점		2.00	3.50	1.50	3.00	
	동판 매설				0.05	0.05		

[주]① 본 품은 기본수준측량 외 수준측량을 대상으로 적용하며, 작업방법 및 장비는 국토지리정보원에서 정한 공공측량 작업규정에 의한다.

② 수준측량은 직접수준측량방법 또는 도해(하) 수준측량방법에 의한다.

③ 동판 선점품의 경우 답사품에 포함되어 있다.

④ 본 품은 관측시 안전을 위해 표척수 뒤에 배치되는 신호수 2인(초급기술자 1인, 인부 1인)이 포함되어 있다.

⑤ 본 품은 표준지형 수준점간 표고차 100m이하 기준으로 한 것이며, 관측의 경우 지형/표고차 유형에 따라 다음의 계수 값 이내를 가산한다.

ㅇ 지형/표고차 유형에 따른 계수(K)

지형	표고차	계수	비고
표준	100m 이하	1.00	① 국토지형분류에 따라 노선의 80% 이상이 해당 지형 분류에 포함되는 경우 적용 ② 표고차: 수준점간 표고차 기준 ③ 관측공정만 해당
	100m 초과 200m 이하	1.10	
	200m 초과	1.20	
산악지	100m 이하	1.25	
	100m 초과 200m 이하	1.35	
	200m 초과	1.45	
시가지	100m 이하	1.25	
	100m 초과 200m 이하	1.40	
	200m 초과	1.55	

⑥ 본 품은 15Km (왕복 30Km) 구간을 기준으로 한 것이므로 작업량에 따라 다음의 값을 가산한다.(선점, 매설품은 제외)

ㅇ 작업량에 따른 계수(P)

작업량(거리:㎞)	15이내	20	25	30	비고
계수	1	0.95	0.92	0.9	

ㅇ 작업량에 따른 계수(P) $= 0.8 + \frac{3}{\text{작업량(점수)}}$

○ 작업량이 30km 이상인 경우에도 작업량계수(P)는 0.90으로 적용한다.

⑦ 측량표의 설치 자재운반에 따르는 차량비 등은 실정에 따라 별도 계상한다.

⑧ 보상비, 재료비, 소모품비, 차량비 등은 실정에 따라 별도 계상한다.

⑨ 도해(하) 수준측량은 거리에 관계없이 1구간당 2~3시간 소요되는 것으로 보며, 이에 소요되는 측표, 재료비 및 용선료 등은 별도 계상한다.

⑩ 기지점과 작업지역을 연결하기 위한 측량은 별도 계상한다.

⑪ 본 품의 외업에 동원되는 기술인원에 대한 여비는 국토지리정보원장이 고시한 측량대가의 기준에 따라 별도 계상한다.

⑫ 본 품에서 점검측량 및 성과심사에 소요되는 비용은 별도 계상한다. 다만, 성과심사비는 국토지리정보원장이 고시한 측량성과 심사수탁기관의 심사업무 및 지정절차 등에 관한 규정에 따른다.

⑬ 본 품에서 사용되는 측량기기의 상각비·정비비는 별도 계상한다.

⑭ 노선의 70% 이상이 터널, 교량에 해당하는 경우 관측 공정에 60%의 할증을 적용할 수 있다.

⑮ 기본 수준측량과 같은 정확도와 방식으로 시행할 때에는 "기본 수준측량" 품을 적용하여야 한다.

[계산예]

3급 수준점 5점을 설치할 경우(관측 20km, 표석 2점, 동판 3점)

표준지형 표고차 "100m 이하" 해당거리 10km
산악지지형 표고차 "100m 초과 200m 이하" 해당 거리 5km
시가지지형 표고차 "200m 초과" 해당 거리 5km

[수량계산]

구분			수량(T)	단가	금액
관측	표준	특급기술자	2.14×(20/15)×(10/20×1.00)×0.95 = 1.3	w_1	W1 = 1.3×w_1
		고급기술자	7.15×(20/15)×(10/20×1.00)×0.95 = 4.5	w_2	W2 = 4.5×w_2
		중급기술자	7.15×(20/15)×(10/20×1.00)×0.95 = 4.5	w_3	W3 = 4.5×w_3
		초급기술자	14.30×(20/15)×(10/20×1.00)×0.95 = 9.0	w_4	W4 = 9.0×w_4
		인부	7.15×(20/15)×(10/20×1.00)×0.95 = 4.5	w_5	W5 = 4.5×w_5
	산악지	특급기술자	2.14×(20/15)×(5/20×1.35)×0.95 = 0.9	w_6	W6 = 0.9×w_6
		고급기술자	7.15×(20/15)×(5/20×1.35)×0.95 = 3.0	w_7	W7 = 3.0×w_7
		중급기술자	7.15×(20/15)×(5/20×1.35)×0.95 = 3.0	w_8	W8 = 3.0×w_8
		초급기술자	14.30×(20/15)×(5/20×1.35)×0.95 = 6.1	w_9	W9 = 6.1×w_9
		인부	7.15×(20/15)×(5/20×1.35)×0.95 = 3.0	w_{10}	W10= 3.0×w_{10}
	시가지	특급기술자	2.14×(20/15)×(5/20×1.55)×0.95 = 1.0	w_{11}	W11= 1.0×w_{11}
		고급기술자	7.15×(20/15)×(5/20×1.55)×0.95 = 3.5	w_{12}	W12= 3.5×w_{12}
		중급기술자	7.15×(20/15)×(5/20×1.55)×0.95 = 3.5	w_{13}	W13= 3.5×w_{13}
		초급기술자	14.30×(20/15)×(5/20×1.55)×0.95 = 7.0	w_{14}	W14= 7.0×w_{14}
		인부	7.15×(20/15)×(5/20×1.55)×0.95 = 3.5	w_{15}	W15= 3.5×w_{15}
계획준비, 답사, 계산, 성과정리		특급기술자	1.45×(20/15)×0.95 = 1.8	w_{16}	W16= 1.8×w_{16}
		고급기술자	2.60×(20/15)×0.95 = 3.2	w_{17}	W17= 3.2×w_{17}
		중급기술자	1.60×(20/15)×0.95 = 2.0	w_{18}	W18= 2.0×w_{18}
선점, 매설		고급기술자	2.00×2 = 4.0	w_{19}	W19= 4.0×w_{19}
		중급기술자	3.50×2+0.05×3 = 7.1	w_{20}	W20= 7.1×w_{20}
		초급기술자	1.50×2+0.05×3 = 3.1	w_{21}	W21= 3.1×w_{21}
		인부	3.00×2 = 6.0	w_{22}	W22= 6.0×w_{22}
계					ΣWi

*수량(T) 산정식은 다음과 같다.

T = 인원수×작업량×K×P

여기서, K는 지형/표고차유형에 따른 계수로 관측공정에만 해당하며, P는 작업량에 따른 계수로 선점, 매설공정에는 해당하지 않는다.

구분	현 행	개 정(안)	비고
- 신설		9-2-5 4급 수준측량('26년 신설)	

9-2-5 4급 수준측량('26년 신설)

작업구분		단위	특 급 기술자	고 급 기술자	중 급 기술자	초 급 기술자	인부	비 고
계획준비		15km	(1.00)	(1.00)				( )내는 내업을 표시함
답사		15km		0.81	0.81			
선점	표석	점		2.00	2.00			
매설	동판	점			0.05	0.05		
매설	표석	점			1.50	1.50	3.00	
관측		15km	1.88	6.30	6.30	12.60	6.30	
계산		15km		(0.30)	(0.30)			
성과정리		15km	(0.45)	(0.45)	(0.45)			
계	답사/관측 내업	15km	1.88 (1.45)	7.11 (1.75)	7.11 (0.75)	12.60	6.30	
계	표석 선점/매설	점		2.00	3.50	1.50	3.00	
계	동판 매설	점			0.05	0.05		

[주]① 본 품은 기본수준측량 외 수준측량을 대상으로 적용하며, 작업방법 및 장비는 국토지리정보원에서 정한 공공측량 작업규정에 의한다.

② 수준측량은 직접수준측량방법 또는 도해(하) 수준측량방법에 의한다.

③ 동판 선점품의 경우 답사품에 포함되어 있다.

④ 본 품은 관측시 안전을 위해 표척수 뒤에 배치되는 신호수 2인(초급기술자 1인, 인부 1인)이 포함되어 있다.

⑤ 본 품은 표준지형 수준점간 표고차 100m이하 기준으로 한 것이며, 관측의 경우 지형/표고차 유형에 따라 다음의 계수 값 이내를 가산한다.

○ 지형/표고차 유형에 따른 계수(K)

지형	표고차	계수	비고
표준	100m 이하	1.00	① 국토지형분류에 따라 노선의 80% 이상이 해당 지형 분류에 포함되는 경우 적용 ② 표고차: 수준점간 표고차 기준 ③ 관측공정만 해당
표준	100m 초과 200m 이하	1.10	
표준	200m 초과	1.20	
산악지	100m 이하	1.25	
산악지	100m 초과 200m 이하	1.35	
산악지	200m 초과	1.45	
시가지	100m 이하	1.25	
시가지	100m 초과 200m 이하	1.40	
시가지	200m 초과	1.55	

⑥ 본 품은 15Km (왕복 30Km) 구간을 기준으로 한 것이므로 작업량에 따라 다음의 값을 가산한다.(선점, 매설품은 제외)

○ 작업량에 따른 계수(P)

작업량(거리:㎞)	15이내	20	25	30	비고
계수	1	0.95	0.92	0.9	

○ 작업량에 따른 계수(P) = $0.8 + \frac{3}{\text{작업량(점수)}}$

○ 작업량이 30km 이상인 경우에도 작업량계수(P)는 0.90으로 적용한다.

⑦ 측량표의 설치 자재운반에 따르는 차량비 등은 실정에 따라 별도 계상한다.

⑧ 보상비, 재료비, 소모품비, 차량비 등은 실정에 따라 별도 계상한다.

⑨ 도해(하) 수준측량은 거리에 관계없이 1구간당 2~3시간 소요되는 것으로 보며, 이에 소요되는 측표, 재료비 및 용선료 등은 별도 계상한다.

⑩ 기지점과 작업지역을 연결하기 위한 측량은 별도 계상한다.

⑪ 본 품의 외업에 동원되는 기술인원에 대한 여비는 국토지리정보원장이 고시한 측량대가의 기준에 따라 별도 계상한다.

⑫ 본 품에서 점검측량 및 성과심사에 소요되는 비용은 별도 계상한다. 다만, 성과심사비는 국토지리정보원장이 고시한 측량성과 심사수탁기관의 심사업무 및 지정절차 등에 관한 규정에 따른다.

⑬ 본 품에서 사용되는 측량기기의 상각비·정비비는 별도 계상한다.

⑭ 노선의 70% 이상이 터널, 교량에 해당하는 경우 관측 공정에 60%의 할증을 적용할 수 있다.

⑮ 기본 수준측량과 같은 정확도와 방식으로 시행할 때에는 “기본 수준측량” 품을 적용하여야 한다.

[계산예]

3급 수준점 5점을 설치할 경우(관측 20km, 표석 2점, 동판 3점)

표준지형 표고차 "100m 이하" 해당거리 10km
산악지지형 표고차 "100m 초과 200m 이하" 해당 거리 5km
시가지지형 표고차 "200m 초과" 해당 거리 5km

[수량계산]

구분			수량(T)	단가	금액
관측	표준	특급기술자	1.88×(20/15)×(10/20×1.00)×0.95 = 1.1	w_1	W1 = 1.1×w_1
		고급기술자	6.30×(20/15)×(10/20×1.00)×0.95 = 3.9	w_2	W2 = 3.9×w_2
		중급기술자	6.30×(20/15)×(10/20×1.00)×0.95 = 3.9	w_3	W3 = 3.9×w_3
		초급기술자	12.60×(20/15)×(10/20×1.00)×0.95 = 7.9	w_4	W4 = 7.9×w_4
		인부	6.30×(20/15)×(10/20×1.00)×0.95 = 3.9	w_5	W5 = 3.9×w_5
	산악지	특급기술자	1.88×(20/15)×(5/20×1.35)×0.95 = 0.8	w_6	W6 = 0.8×w_6
		고급기술자	6.30×(20/15)×(5/20×1.35)×0.95 = 2.6	w_7	W7 = 2.6×w_7
		중급기술자	6.30×(20/15)×(5/20×1.35)×0.95 = 2.6	w_8	W8 = 2.6×w_8
		초급기술자	12.60×(20/15)×(5/20×1.35)×0.95 = 5.3	w_9	W9 = 5.3×w_9
		인부	6.30×(20/15)×(5/20×1.35)×0.95 = 2.6	w_{10}	W10= 2.6×w_{10}
	시가지	특급기술자	1.88×(20/15)×(5/20×1.55)×0.95 = 0.9	w_{11}	W11= 0.9×w_{11}
		고급기술자	6.30×(20/15)×(5/20×1.55)×0.95 = 3.0	w_{12}	W12= 3.0×w_{12}
		중급기술자	6.30×(20/15)×(5/20×1.55)×0.95 = 3.0	w_{13}	W13= 3.0×w_{13}
		초급기술자	12.60×(20/15)×(5/20×1.55)×0.95 = 6.1	w_{14}	W14= 6.1×w_{14}
		인부	6.30×(20/15)×(5/20×1.55)×0.95 = 3.0	w_{15}	W15= 3.0×w_{15}
계획준비, 답사, 계산, 성과정리		특급기술자	1.45×(20/15)×0.95 = 1.8	w_{16}	W16= 1.8×w_{16}
		고급기술자	2.56×(20/15)×0.95 = 3.2	w_{17}	W17= 3.2×w_{17}
		중급기술자	1.56×(20/15)×0.95 = 1.9	w_{18}	W18= 1.9×w_{18}
선점, 매설		고급기술자	2.00×2 = 4.0	w_{19}	W19= 4.0×w_{19}
		중급기술자	3.50×2+0.05×3 = 7.1	w_{20}	W20= 7.1×w_{20}
		초급기술자	1.50×2+0.05×3 = 3.1	w_{21}	W21= 3.1×w_{21}
		인부	3.00×2 = 6.0	w_{22}	W22= 6.0×w_{22}
계					ΣWi

*수량(T) 산정식은 다음과 같다.

T = 인원수×작업량×K×P

여기서, K는 지형/표고차유형에 따른 계수로 관측공정에만 해당하며, P는 작업량에 따른 계수로 선점, 매설공정에는 해당하지 않는다.

구분	현 행	개 정(안)	비고
- 보완	(see below)	(see below)	

현 행

9-3-1 지형현황('08년 보안)

작업구분		일수	인원수 1일당 고급기술자	중급기술자	초급기술자	초급기능사(측량)	인부	인원수 합계 고급기술자	중급기술자	초급기술자	초급기능사(측량)	인부	비 고
지상현황측량	계획준비	(1)	(0.5)	(1)	(1)	–	–	(0.5)	(1)	(1)	–	–	( )내는 내업을 표시함
	기준점설치	1	–	1	1	–	–	–	1	1	–	–	
	세부측량	7	–	1	1	1	1	–	7	7	7	7	
	편집	(4)	(0.75)	(1)	(1)	–	–	(3)	(4)	(4)	–	–	
	지도원판제작	(2)	–	(0.5)	(0.5)	–	–	–	(1)	(1)	–	–	
	성과등의정리	(1)	(0.75)	(1)	(1)	–	–	(0.75)	(1)	(1)	–	–	
계								– (4.25)	8 (7)	8 (7)	7 –	7 –	

[주] ① 본 품은 평지 10만㎡에 대하여 1/500축척의 지상현황측량을 기준으로 한 것이므로 작업지형과 축척 및 작업량에 따라 다음과 같이 계수를 가산한다.

ㅇ 지형 유형에 따른 계수(K)

지형 구분	계 수	비 고
밀 집 시 가 지	2.80	건물 및 도로가 시가지 면적의 90% 이상 지형
시 가 지	2.15	건물 및 도로가 시가지 면적의 70% 이상 지형
평 지	1.00	평탄한 평야지형
구 릉 지	1.25	시가지 주변 및 촌락의 소도시를 포함한 구릉상태의 농지지형
산 악 지	1.30	수목이 우거진 야산지대 및 교통이 불편한 산지로된 지형

ㅇ 축척에 따른 계수(S)

축 척	1/250	1/500	1/1,000	1/2,500	비 고
계 수	1.60	1.00	0.65	0.54	

ㅇ 작업량에 따른 계수(P)

작업량(면적:㎡)	2만	5만	10만	15만	20만
계 수	1.80	1.20	1.00	0.93	0.90

– 작업량 계수(P) = $0.8+\frac{2}{작업량(면적)}$

– 작업량이 20만㎡ 이상인 경우에도 작업량계수(P)는 0.90으로 적용한다.

ㅇ 작업종류에 따른 계수(T)

작업종류	신규측량	수정측량
계 수	1.0	1.25

– 총 계수 = 표준작업량×K×S×P×T

② 기준점 측량에 필요한 인원 편성은 기준점 각각의 품(1급~4급)을 적용하고 기준점 배점 기준은 다음 표를 기준으로 한다.

개 정(안)

9-3-1 지형현황

1. TS, GNSS 등을 이용하여 측량하는 경우

작업구분	일수	투입인원 고급기술자	중급기술자	초급기술자	초급기능사(측량)	인부	비 고
계획준비	(1)	(0.5)	(1)	(1)	–	–	( )내는 내업을 표시함
기준점설치	1	–	1	1	–	–	
세부측량	7	–	7	7	7	7	
편집	(4)	(3)	(4)	(4)	–	–	
지도원판제작	(2)	–	(1)	(1)	–	–	
성과등의정리	(1)	(0.75)	(1)	(1)	–	–	
계		– (4.25)	8 (7)	8 (7)	7 –	7 –	

[주] ① 본 품은 평지 10만㎡에 대하여 1/500축척의 지상현황측량을 기준으로 한 것이므로 작업지형과 축척 및 작업량에 따라 다음과 같이 계수를 가산한다.

ㅇ 지형 유형에 따른 계수(K)

지형 구분	계 수	비 고
밀 집 시 가 지	2.80	건물 및 도로가 시가지 면적의 90% 이상 지형
시 가 지	2.15	건물 및 도로가 시가지 면적의 70% 이상 지형
평 지	1.00	평탄한 평야지형
구 릉 지	1.25	시가지 주변 및 촌락의 소도시를 포함한 구릉상태의 농지지형
산 악 지	1.30	수목이 우거진 야산지대 및 교통이 불편한 산지로된 지형

ㅇ 축척에 따른 계수(S)

축 척	1/250	1/500	1/1,000	1/2,500	비 고
계 수	1.60	1.00	0.65	0.54	

ㅇ 작업량에 따른 계수(P)

작업량(면적:㎡)	2만	5만	10만	15만	20만
계 수	1.80	1.20	1.00	0.93	0.90

– 작업량 계수(P) = $0.8+\frac{2}{작업량(면적)}$

– 작업량이 20만㎡ 이상인 경우에도 작업량계수(P)는 0.90으로 적용한다.

ㅇ 작업종류에 따른 계수(T)

작업종류	신규측량	수정측량
계 수	1.0	1.25

– 총 계수 = 표준작업량×K×S×P×T

② 기준점 측량에 필요한 인원 편성은 기준점 각각의 품(1급~4급)을 적용하고 기준점 배점 기준은 다음 표를 기준으로 한다.

《기준점 배점 기준》

지역구분		면적구분	10만㎡	30만㎡	60만㎡	150만㎡	비고
1 급 기준점		신점간거리	1,000m	1,000m	1,000m	1,000m	• 기지점과 연결을 위한 측량
		기준배점수	–	–	–	–	
2 급 기준점		신점간거리	500m	500m	500m	500m	〃
		기준배점수	–	–	2점	4점	
3 급 기준점		신점간거리	200m	200m	200m	200m	• 기지점과 연결 및 현황 측량에 필요한 골격측량
		기준배점수	2점	4점	8점	11점	
4 급 기준점	밀 집 시가지	점간평균거리	40m	40m	50m	60m	〃
		선간평균거리	40m	50m	60m	100m	
		기준배점수	63점	150점	200점	250점	
	시가지	점간평균거리	40m	45m	55m	65m	
		선간평균거리	45m	50m	60m	100m	
		기준배점수	56점	133점	182점	230점	
	평 지	점간평균거리	45m	45m	60m	75m	• 기지점과 연결 및 현황 측량에 필요한 골격측량
		선간평균거리	45m	60m	70m	100m	
		기준배점수	50점	112점	143점	200점	
	구릉지	점간평균거리	45m	50m	60m	80m	
		선간평균거리	55m	70m	100m	125m	
		기준배점수	41점	86점	100점	150점	
	산 지	점간평균거리	30m	40m	50m	60m	
		선간평균거리	60m	55m	75m	100m	
		기준배점수	56점	137점	160점	250점	

③ 지상현황측량을 위한 수준측량은 기준점(1급~4급)들에 대한 표고측량으로서 3급 수준측량의 경우 3급 수준측량의 지형유형 및 작업량에 따른 계수를 각각 적용하고, 4급 수준측량의 경우 4급 수준측량의 지형유형 및 작업량에 따른 계수를 각각 적용한다.

④ 보상비, 측량표의 설치, 재료비, 운반비, 소모품비 등은 실정에 따라 별도 계상한다.

⑤ 기준점 측량 및 수준측량 시 지구외 기준점에 연결하거나, 측량표의 설치가 필요한 경우는 그 점수를 가산하고 품은 별도 계상한다.

⑥ 본 품의 외업에 동원되는 기술인원에 대한 여비는 국토교통부장관이 고시한 측량용역 대가기준에 따라 별도 계상한다.

⑦ 본 품에서 점검측량 및 성과심사에 소요되는 비용은 별도 계상한다. 다만, 성과심사비는 국토교통부장관이 고시한 측량성과 심사수탁기관의 심사업무 및 지정절차 등에 관한 규정에 따른다.

⑧ 본 품에서 사용되는 측량기기의 상각비·정비비는 별도 계상한다.

⑨ 본 품에는 다음의 성과 작성품이 포함된 것이다.

㉮ 편집원도

㉯ 정확도 관리표

㉰ 기타자료

⑩ 작업에 필요한 작업량(면적) 산출은 지구외 현황을 파악하기 위해 작업한 구역(주변판독면적)을 포함하는 것으로 한다.

⑪ 종합원도라 함은 작업지역 전체에 대한 지형자료(지형, 지적, 지상·지하시설물 등)를 단일원도로 작성하는 것이며 이는 본 품에 포함하지 않는다.

《기준점 배점 기준》

지역구분		면적구분	10만㎡	30만㎡	60만㎡	150만㎡	비고
1 급 기준점		신점간거리	1,000m	1,000m	1,000m	1,000m	• 기지점과 연결을 위한 측량
		기준배점수	–	–	–	–	
2 급 기준점		신점간거리	500m	500m	500m	500m	〃
		기준배점수	–	–	2점	4점	
3 급 기준점		신점간거리	200m	200m	200m	200m	• 기지점과 연결 및 현황 측량에 필요한 골격측량
		기준배점수	2점	4점	8점	11점	
4 급 기준점	밀 집 시가지	점간평균거리	40m	40m	50m	60m	〃
		선간평균거리	40m	50m	60m	100m	
		기준배점수	63점	150점	200점	250점	
	시가지	점간평균거리	40m	45m	55m	65m	
		선간평균거리	45m	50m	60m	100m	
		기준배점수	56점	133점	182점	230점	
	평 지	점간평균거리	45m	45m	60m	75m	• 기지점과 연결 및 현황 측량에 필요한 골격측량
		선간평균거리	45m	60m	70m	100m	
		기준배점수	50점	112점	143점	200점	
	구릉지	점간평균거리	45m	50m	60m	80m	
		선간평균거리	55m	70m	100m	125m	
		기준배점수	41점	86점	100점	150점	
	산 지	점간평균거리	30m	40m	50m	60m	
		선간평균거리	60m	55m	75m	100m	
		기준배점수	56점	137점	160점	250점	

③ 지상현황측량을 위한 수준측량은 기준점(1급~4급)들에 대한 표고측량으로서 3급 수준측량의 경우 3급 수준측량의 지형유형 및 작업량에 따른 계수를 각각 적용하고, 4급 수준측량의 경우 4급 수준측량의 지형유형 및 작업량에 따른 계수를 각각 적용한다.

④ 보상비, 측량표의 설치, 재료비, 운반비, 소모품비 등은 실정에 따라 별도 계상한다.

⑤ 기준점 측량 및 수준측량 시 지구외 기준점에 연결하거나, 측량표의 설치가 필요한 경우는 그 점수를 가산하고 품은 별도 계상한다.

⑥ 본 품의 외업에 동원되는 기술인원에 대한 여비는 국토교통부장관이 고시한 측량용역 대가기준에 따라 별도 계상한다.

⑦ 본 품에서 점검측량 및 성과심사에 소요되는 비용은 별도 계상한다. 다만, 성과심사비는 국토교통부장관이 고시한 측량성과 심사수탁기관의 심사업무 및 지정절차 등에 관한 규정에 따른다.

⑧ 본 품에서 사용되는 측량기기의 상각비·정비비는 별도 계상한다.

⑨ 본 품에는 다음의 성과 작성품이 포함된 것이다.

㉮ 편집원도

㉯ 정확도 관리표

㉰ 기타자료

⑩ 작업에 필요한 작업량(면적) 산출은 지구외 현황을 파악하기 위해 작업한 구역(주변판독면적)을 포함하는 것으로 한다.

⑪ 종합원도라 함은 작업지역 전체에 대한 지형자료(지형, 지적, 지상·지하시설물 등)를 단일원도로 작성하는 것이며 이는 본 품에 포함하지 않는다.

⑫ 측량지역의 특성 또는 작업목적에 따라 평판, TS, GPS 등에 의한 지형측량은 본 품을 준용한다.

[계산예]

(1) 구릉지 지역
(2) 면적 150만㎡(신규측량)
(3) 기준점은 2급(4점), 3급(11점), 4급 점간거리 80m(150점)
(4) 수준측량은 [토목부분] 9-2-4의 2급 수준측량

① 작업량비 산출

㉮ 기준점 측량

2급 : $\frac{4}{14}\times 1.00\times 1.50 = 0.43$

3급 : $\frac{11}{30}\times 1.00\times 1.34 = 0.49$

4급 : $\frac{150}{150}\times 1.00\times 1.00\times 0.81 = 0.81$

㉯ 수준측량

$\frac{16.20\text{km}}{15\text{km}}\times 1.25\times 0.99 = 1.34$

∴16.20㎞ = (4점×500m) + (11점×200m) + (150점×80m)

㉰ 지상현황측량

$\frac{150}{10}\times 1.25\times 0.54\times 0.90 = 9.11$

② 인원 산출

작업내용		작업량비	특급 기술자		고급 기술자		중급 기술자		초급 기술자		초급 기능사 (측량)		보통인부	
			인원	결과	인원	결과	인원	결과	인원	결과	인원	결과	인원	결과
기준점 측량	1급	–	–	–	–	–	–	–	–	–	–	–	–	–
	2급	0.43	2.0	0.86	17.0	7.31	25.0	10.75	26.0	11.18	28.0	12.04	8.0	3.44
	3급	0.49	–	–	22.0	10.78	27.0	13.23	28.0	13.72	32.0	15.68	4.0	1.96
	4급	0.81	–	–	31.5	25.51	35.0	28.35	37.0	29.97	40.0	32.40	6.0	4.86
수준측량		1.18	1.10	1.18	3.0	3.54	11.5	13.75	8.0	9.44	8.0	9.44	8.0	9.44
지상현황측량		9.11	–	–	4.25	29.61	15.0	136.65	15.0	136.65	7.0	63.77	7.0	63.77
계				2.04		76.75		202.55		209.96		133.33		83.47

③ 전체금액 = 6.46×(특급기술자 단가) +90.05×(고급기술자 단가)+204.75 ×(중급기술자 단가)+218.56×(초급기술자 단가)+123.89 ×(초급기능사(측량)단가)+87.55×(보통인부 단가)

[계산예 2]

(1) 구릉지 지역
(2) 면적 60만㎡(수정측량)
(3) 기준점은 2급(2점), 3급(8점), 4급 점간거리 60m(100점)
(4) 수준측량은 [토목부분] 9-2-4의 2급 수준측량

① 작업량비 산출

⑫ 측량지역의 특성 또는 작업목적에 따라 평판, TS, GNSS 등에 의한 지형측량은 본 품을 준용한다.

[계산예]

(1) 구릉지 지역(수준측량 기준 산악지 100m 이하)
(2) 면적 150만㎡(신규측량)
(3) 기준점은 2급(4점), 3급(11점), 4급 점간거리 80m(150점)
(4) 수준측량은 [토목부분] 9-2-3의 2급 수준측량

① 작업량비 산출

㉮ 기준점 측량

2급 : $\frac{4}{14}\times 1.00\times 1.50 = 0.43$

3급 : $\frac{11}{30}\times 1.00\times 1.34 = 0.49$

4급 : $\frac{150}{150}\times 1.00\times 1.00\times 0.81 = 0.81$

㉯ 수준측량

관측 : $\frac{16.20\text{km}}{15\text{km}}\times 1.25\times 0.99 = 1.34$

관측 외(계획준비, 답사, 계산, 성과정리): $\frac{16.20\text{km}}{15\text{km}}\times 0.99 = 1.07$

∴ 16.20km = (4점×500m)+(11점×200m)+(150점×80m)

㉰ 지상현황측량

$\frac{150}{10}\times 1.25\times 0.54\times 0.90 = 9.11$

② 인원 산출

작업내용		작업량비	특급 기술자		고급 기술자		중급 기술자		초급 기술자		초급 기능사 (측량)		보통인부	
			인원	결과	인원	결과	인원	결과	인원	결과	인원	결과	인원	결과
기준점 측량	1급	–	–	–	–	–	–	–	–	–	–	–	–	–
	2급	0.43	2.0	0.86	17.0	7.31	25.0	10.75	26.0	11.18	28.0	12.04	8.0	3.44
	3급	0.49	–	–	22.0	10.78	27.0	13.23	28.0	13.72	32.0	15.68	4.0	1.96
	4급	0.81	–	–	31.5	25.51	35.0	28.35	37.0	29.97	40.0	32.40	6.0	4.86
수준 측량	관측	1.34	3.02	4.05	10.09	13.52	10.09	13.52	20.18	27.04	–	–	10.09	13.52
	관측외	1.07	1.45	1.55	3.10	3.32	2.10	2.25	–	–	–	–	–	–
지상현황측량		9.11	–	–	4.25	29.61	15.0	136.65	15.0	136.65	7.0	63.77	7.0	63.77
계				6.46		90.05		204.75		218.56		123.89		87.55

③ 전체금액 = 6.46×(특급기술자 단가) +90.05×(고급기술자 단가)+204.75 ×(중급기술자 단가)+218.56×(초급기술자 단가)+123.89 ×(초급기능사(측량)단가)+87.55×(보통인부 단가)

[계산예 2]

㉮ 기준점 측량

2급 : $\frac{2}{14}\times1.00\times2.2 = 0.31$

3급 : $\frac{8}{30}\times1.00\times1.55 = 0.41$

4급 : $\frac{100}{150}\times1.00\times1.00\times0.65 = 0.48$

㉯ 수준측량

$\frac{8.60㎞}{15㎞}\times1.10\times1.15 = 0.73$

∴8.60㎞ = (2점×500m) + (8점×200m) + (100점×60m)

㉰ 지상현황측량

$\frac{60}{10}\times1.25\times0.54\times0.90\times1.25 = 4.56$

② 인원 산출

작업내용		작업량비	특급기술자 인원	특급기술자 결과	고급기술자 인원	고급기술자 결과	중급기술자 인원	중급기술자 결과	초급기술자 인원	초급기술자 결과	초급기능사(측량) 인원	초급기능사(측량) 결과	보통인부 인원	보통인부 결과
기준점 측량	1급	–	–	–	–	–	–	–	–	–	–	–	–	–
	2급	0.31	2.0	0.62	17.0	5.27	25.0	7.75	26.0	8.06	28.0	8.68	8.0	3.44
	3급	0.41	–	–	22.0	9.02	27.0	11.07	28.0	11.48	32.0	13.12	4.0	1.96
	4급	0.48	–	–	31.5	15.12	35.0	16.80	37.0	17.76	40.0	19.20	6.0	4.86
수준측량		0.73	1.10	0.73	3.0	2.19	11.5	8.40	8.0	5.84	8.0	5.84	8.0	9.44
지상현황측량		4.56	–	–	4.25	19.38	15.0	68.40	15.0	68.40	7.0	31.92	7.0	63.77
계				1.35		50.98		112.42		111.54		78.76		83.47

③ 전체금액 = 3.62×(특급기술자 단가) +57.82×(고급기술자 단가)+112.48 ×(중급기술자 단가)+120.23×(초급기술자 단가)+72.92 ×(초급기능사(측량)단가)+81.29×(보통인부 단가)

(1) 구릉지 지역(수준측량 기준 산악지 100m 이하)
(2) 면적 60만㎡(수정측량)
(3) 기준점은 2급(2점), 3급(8점), 4급 점간거리 60m(100점)
(4) 수준측량은 [토목부분] 9-2-3의 2급 수준측량

① 작업량비 산출

㉮ 기준점 측량

2급 : $\frac{2}{14}\times1.00\times2.2 = 0.31$

3급 : $\frac{8}{30}\times1.00\times1.55 = 0.41$

4급 : $\frac{100}{150}\times1.00\times1.00\times0.65 = 0.48$

㉯ 수준측량

관측 : $\frac{8.60㎞}{15㎞}\times1.25\times1.00 = 0.72$

관측 외(계획준비, 답사, 계산, 성과정리): $\frac{8.60㎞}{15㎞}\times1.00 = 0.57$

∴ 8.60km = (2점×500m)+(8점×200m)+(100점×60m)

㉰ 지상현황측량

$\frac{60}{10}\times1.25\times0.54\times0.90\times1.25 = 4.56$

② 인원 산출

작업내용		작업량비	특급기술자 인원	특급기술자 결과	고급기술자 인원	고급기술자 결과	중급기술자 인원	중급기술자 결과	초급기술자 인원	초급기술자 결과	초급기능사(측량) 인원	초급기능사(측량) 결과	보통인부 인원	보통인부 결과
기준점 측량	1급	–	–	–	–	–	–	–	–	–	–	–	–	–
	2급	0.31	2.0	0.62	17.0	5.27	25.0	7.75	26.0	8.06	28.0	8.68	8.0	3.44
	3급	0.41	–	–	22.0	9.02	27.0	11.07	28.0	11.48	32.0	13.12	4.0	1.96
	4급	0.48	–	–	31.5	15.12	35.0	16.80	37.0	17.76	40.0	19.20	6.0	4.86
수준측량	관측	0.72	3.02	2.17	10.09	7.26	10.09	7.26	20.18	14.53	-	-	10.09	7.26
	관측외	0.57	1.45	0.83	3.10	1.77	2.10	1.20	-	-	-	-	-	-
지상현황측량		4.56	–	–	4.25	19.38	15.0	68.40	15.0	68.40	7.0	31.92	7.0	63.77
계				3.62		57.82		112.48		120.23		72.92		81.29

③ 전체금액 = 3.62×(특급기술자 단가) +57.82×(고급기술자 단가)+112.48 ×(중급기술자 단가)+120.23×(초급기술자 단가)+72.92 ×(초급기능사(측량)단가)+81.29×(보통인부 단가)

2. 지상라이다를 이용하여 측량하는 경우

작업구분	일수	투입인원				비 고
		특급기술자	고급기술자	중급기술자	초급기술자	
계획준비	(1)	(1.0)	(0.5)	(0.5)	–	( )내는 내업을 표시함
기준점설치	1	–	–	2.0	2.0	
라이다측량	2	–	2.0	2.0	4.0	
데이터후처리	(2)	(1.0)	–	(1.0)	(2.6)	
지도제작	(6)	–	(3.0)	(3.0)	(12.0)	
성과등의정리	(1)	(0.85)	(0.5)	(0.5)	–	
계		– (2.85)	2.0 (4.0)	4.0 (5.0)	6.0 (14.6)	

[주] ① 본 품은 평지 10만㎡에 대하여 1/500축척의 지상현황측량을 기준으로 하며, 작업지형과 축척 및 작업량은 '[토목부문] 9-3-1 지형현황, 1. TS, GNSS 등을 이용하여 측량하는 경우'의 가산계수를 적용한다. (지형 유형에 따른 계수, 축척에 따른 계수, 작업량에 따른 계수, 작업종류에 따른 계수를 적용)

② 기준점 측량에 필요한 인원 편성은 기준점 각각의 품(1급~4급)을 적용하고 기준점 배점 기준은 '[토목부문] 9-3-1 지형현황, 1. TS, GNSS 등을 이용하여 측량하는 경우' [주] ②를 적용한다.

③ 수준측량은 기준점(1급~4급)들에 대한 표고측량으로서 3급 수준측량의 경우 3급 수준측량의 지형유형 및 작업량에 따른 계수를 각각 적용하고, 4급 수준측량의 경우 4급 수준측량의 지형유형 및 작업량에 따른 계수를 각각 적용한다.

④ 보상비, 측량표의 설치, 재료비, 운반비, 소모품비 등은 실정에 따라 별도 계상한다.

⑤ 기준점 측량 및 수준측량 시 지구외 기준점에 연결하거나, 측량표의 설치가 필요한 경우는 그 점수를 가산하고 품은 별도 계상한다.

⑥ 기준점 설치는 검사점(확인점)이 포함된 것으로 계상한다. 검사점은 기준점과 독립으로 설치하고, 현장 전체에 균등 분포한다. 검사점 수량은 관측지점 수의 10% 이상으로 하되, 최소 8점을 확보해야 한다. 결과는 RMSE, 최대오차, 편향 등 지표로 보고한다.

⑦ 라이다측량 시 측량점간 거리는 평균 30m 이내, 관측 대상점까지의 유효 관측거리는 최대 50m 이내를 원칙으로 한다. 단, 발주서의 수평·수직 정밀도 및 중첩 기준을 동시에 만족하는 범위에서는 간격·거리를 조정할 수 있다.

⑧ 본 품은 안전을 위해 배치되는 신호수(초급기술자 1명)가 포함되어 있다.

⑨ 데이터후처리는 지상라이다로 얻어진 점군데이터를 이격 및 비틀림없이 정합하는 것으로 취득된 점군데이터의 이상점 편집 작업 등을 포함한다.

⑩ 지도제작은 후처리된 데이터를 이용하여 공간 및 속성데이터를 편집하고 수치지도 파일 작성, 인쇄를 위한 원도 제작 등을 포함한다.

⑪ 본 품의 외업에 동원되는 기술인원에 대한 여비는 국토교통부장관이 고시한 측량용역 대가기준에 따라 별도 계상한다.

⑫ 본 품에서 점검측량 및 성과심사에 소요되는 비용은 별도 계상한다. 다만, 성과심사비는 국토교통부장관이 고시한 측량성과 심사수탁기관의 심사업무 및 지정절차 등에 관한 규정에 따른다.

⑬ 본 품에서 사용되는 측량기기의 상각비·정비비는 별도 계상한다.

⑭ 본 품에는 다음의 성과 작성품이 포함된 것이다.

㉮ 편집원도

㉯ 정확도 관리표

㉰ 기타자료(원시자료(점군데이터), 정합리포트 등)

⑮ 작업에 필요한 작업량(면적) 산출은 지구의 현황을 파악하기 위해 작업한 구역(주변판독면적)을 포함하는 것으로 한다.

⑯ 종합원도라 함은 작업지역 전체에 대한 지형자료(지형, 지적, 지상·지하시설물 등)를 단일원도로 작성하는 것이며 이는 본 품에 포함하지 않는다.

[계산예]

(1) 구릉지 지역(수준측량 기준 산악지 100m 이하)
(2) 면적 150만㎡(신규측량)
(3) 기준점은 2급(4점), 3급(11점), 4급 점간거리 80m(150점)
(4) 수준측량은 [토목부분] 9-2-3의 2급 수준측량

① 작업량비 산출

㉮ 기준점 측량

2급 : $\frac{4}{14}\times1.00\times1.50 = 0.43$

3급 : $\frac{11}{30}\times1.00\times1.34 = 0.49$

4급 : $\frac{150}{150}\times1.00\times1.00\times0.81 = 0.81$

㉯ 수준측량

관측 : $\frac{16.20\text{km}}{15\text{km}}\times1.25\times0.99 = 1.34$

관측 외(계획준비, 답사, 계산, 성과정리): $\frac{16.20\text{km}}{15\text{km}}\times0.99 = 1.07$

$\therefore 16.20\text{km} = (4점\times500\text{m}) + (11점\times200\text{m}) + (150점\times80\text{m})$

㉰ 지상현황측량

$\frac{150}{10}\times1.25\times0.54\times0.90 = 9.11$

② 인원 산출

작업내용		작업량비	특급 기술자		고급 기술자		중급 기술자		초급 기술자		초급 기능사 (측량)		보통인부	
			인원	결과	인원	결과	인원	결과	인원	결과	인원	결과	인원	결과
기준점 측량	1급	–	–	–	–	–	–	–	–	–	–	–	–	–
	2급	0.43	2.0	0.86	17.0	7.31	25.0	10.75	26.0	11.18	28.0	12.04	8.0	3.44
	3급	0.49	–	–	22.0	10.78	27.0	13.23	28.0	13.72	32.0	15.68	4.0	1.96
	4급	0.81	–	–	31.5	25.51	35.0	28.35	37.0	29.97	40.0	32.40	6.0	4.86
수준 측량	관측	1.34	3.02	4.05	10.09	13.52	10.09	13.52	20.18	27.04	–	–	10.09	13.52
	관측외	1.07	1.45	1.55	3.10	3.32	2.10	2.25	–	–	–	–	–	–
지상현황측량		9.11	2.85	25.96	6	54.66	7	63.77	16.6	151.23				
계				32.42		115.1		131.87		233.14		60.12		23.78

③ 전체금액 = 32.42×(특급기술자 단가) +115.1×(고급기술자 단가)+131.87 ×(중급기술자 단가)+233.14×(초급기술자 단가)+60.12 ×(초급기능사(측량)단가)+23.78×(보통인부 단가)

[계산예 2]

(1) 구릉지 지역(수준측량 기준 산악지 100m 이하)
(2) 면적 60만㎡(수정측량)
(3) 기준점은 2급(2점), 3급(8점), 4급 점간거리 60m(100점)
(4) 수준측량은 [토목부분] 9-2-3의 2급 수준측량

① 작업량비 산출

㉮ 기준점 측량

2급 : $\frac{2}{14} \times 1.00 \times 2.2 = 0.31$

3급 : $\frac{8}{30} \times 1.00 \times 1.55 = 0.41$

4급 : $\frac{100}{150} \times 1.00 \times 1.00 \times 0.65 = 0.48$

㉯ 수준측량

관측 : $\frac{8.60㎞}{15㎞} \times 1.25 \times 1.00 = 0.72$

관측 외(계획준비, 답사, 계산, 성과정리): $\frac{8.60㎞}{15㎞} \times 1.00 = 0.57$

∴8.60㎞ = (2점×500m) + (8점×200m) + (100점×60m)

㉰ 지상현황측량

$\frac{60}{10} \times 1.25 \times 0.54 \times 0.90 \times 1.25 = 4.56$

② 인원 산출

작업내용		작업량비	특급 기술자		고급 기술자		중급 기술자		초급 기술자		초급 기능사 (측량)		보통인부	
			인원	결과	인원	결과	인원	결과	인원	결과	인원	결과	인원	결과
기준점 측량	1급	–	–	–	–	–	–	–	–	–	–	–	–	–
	2급	0.31	2.0	0.62	17.0	5.27	25.0	7.75	26.0	8.06	28.0	8.68	8.0	2.48
	3급	0.41	–	–	22.0	9.02	27.0	11.07	28.0	11.48	32.0	13.12	4.0	1.64
	4급	0.48	–	–	31.5	15.12	35.0	16.80	37.0	17.76	40.0	19.20	6.0	2.88
수준 측량	관측	0.72	3.02	2.17	10.09	7.26	10.09	7.26	20.18	14.53	-	-	10.09	7.26
	관측외	0.57	1.45	0.83	3.10	1.77	2.10	1.20	-	-	-	-	-	-
지상현황측량		4.56	2.85	13	6	27.36	7	31.92	16.6	75.70				
계				16.62		65.8		76		127.53		41		14.26

③ 전체금액 = 16.62×(특급기술자 단가) +65.8×(고급기술자 단가)+76 ×(중급기술자 단가)+127.53×(초급기술자 단가)+41 ×(초급기능사(측량)단가)+14.26×(보통인부 단가)

구분	현 행	개 정(안)	비고
- 보완	(아래 현행 참조)	(아래 개정(안) 참조)	

현 행

9-5 지도제작

9-5-1 항공사진촬영('10. '21년 보완)

6. 항공사진촬영

작업 구분	작업일수 GSD ≤ 25cm	25cm < GSD ≤ 42cm	42cm < GSD ≤ 65cm	65cm < GSD	인 원 특급 기술자	고급 기술자	중급 기술자	고급 기능사
계획 준비	1	1	1	1	1	-	1	-
GNSS/INSS 데이터처리	3	3	3	3		1		
데이터 전처리	1	1	1	1	-	3.2	3.2	1.6
정 리	4	3	2	1	1	-	1	-

[주] ① 촬영거리 200km를 1작업 단위로 한다.
② 본 품의 기술자는 항공사진 측량에 관한 전문적인 지식이 있어야 한다.
㉮ 특급기술자는 항공사진 측량작업의 계획, 준비, 감독 및 점검을 한다.
㉯ 고급기술자는 데이터 전처리 공정의 계획, 준비 및 데이터 전처리 작업을 수행한다.
㉰ 중급기술자는 항공사진측량을 수행하고 계획, 준비전반 및 정리작업을 보좌한다.
㉱ 고급기능사(항공사진)는 데이터 전처리 공정의 계획, 준비 및 데이터 전처리 작업 전반을 보좌한다.
③ GNSS/INS 데이터 처리는 1일당 50모델을 처리하는 것을 기준으로 한다.
④ 데이터 전처리 작업은 원시영상에서 기하·방사보정, 및 기타 영상처리 등의 작업을 말하며 1일당 약 250매를 처리하는 것을 기준으로 하며, CIR(Color Infra-Red) 영상 등 처리시 데이터 전처리 작업을 증가할 수 있다.
⑤ 정리작업은 사진표정도 작성, 사진보안처리 및 사진검사 등을 말하며, 1일당 50매를 처리하는 것을 기준으로 한다.

개 정(안)

9-5 지도제작

9-5-1 항공사진촬영('10. '21년 보완)

6. 항공사진촬영

작업 구분	작업일수 GSD ≤ 25cm	25cm < GSD ≤ 42cm	42cm < GSD ≤ 65cm	65cm < GSD	인 원 특급 기술자	고급 기술자	중급 기술자	고급 기능사
계획 준비	1	1	1	1	1	-	1	-
GNSS/INSS 데이터처리	3	3	3	3		1		
데이터 전처리	1	1	1	1	-	3.2	3.2	1.6
정 리	2	1.5	1	0.5	-	1	1	-

[주] ① 촬영거리 200km를 1작업 단위로 한다.
② 본 품의 기술자는 항공사진 측량에 관한 전문적인 지식이 있어야 한다.
㉮ 특급기술자는 항공사진 측량작업의 계획, 준비, 감독 및 점검을 한다.
㉯ 고급기술자는 데이터 전처리 공정의 계획, 준비, 데이터 전처리 및 정리 작업을 수행한다.
㉰ 중급기술자는 항공사진측량을 수행하고 계획, 준비전반 및 정리작업을 보좌한다.
㉱ 고급기능사(항공사진)는 데이터 전처리 공정의 계획, 준비 및 데이터 전처리 작업 전반을 보좌한다.
③ GNSS/INS 데이터 처리는 1일당 50모델을 처리하는 것을 기준으로 한다.
④ 데이터 전처리 작업은 원시영상에서 기하·방사보정, 및 기타 영상처리 등의 작업을 말하며 1일당 약 250매를 처리하는 것을 기준으로 하며, CIR(Color Infra-Red) 영상 등 처리시 데이터 전처리 작업을 증가할 수 있다.
⑤ 정리작업은 사진표정도 작성, 사진보안처리 및 사진검사 등을 말하며, 1일당 200매를 처리하는 것을 기준으로 한다.

⑥ 운항비, 촬영비 및 재료비는 별도 계상한다.

㉮ 상각비계상은 장비취득가격의 10%를 잔존가치로 하며, 항공기의 상각년수 6년, 총가동시간 1,200시간으로 하고 카메라와 GNSS/INS의 상각년수 6년, 총가동시간 1,200시간으로 한다.

㉯ 항공기 및 카메라와 GNSS/INS의 가동시간 정비비와 엔진 오버홀비(overhaul)의 계산식은 다음과 같다.

$$(\text{가동시간정비비}) = \frac{(\text{취득가격})}{(\text{연가동시간})} \times 0.05$$

$$(\text{가동시간오버홀비}) = (\text{오버홀비}) \times \left(\frac{1}{900} - \frac{1}{(\text{총가동시간})}\right)$$

⑦ 본 품의 성과작성품은 관련한 최신 항공사진측량 작업규정을 따른다.

[설계예]

① 설계제원

㉮ 사용항공기 : 항공사진촬영이 가능한 경비행기

㉯ 사용카메라 : 디지털 카메라 및 GNSS/INS가 부착된 동종의 카메라

∘ 디지털카메라 제원

- 영상 크기 : 14,016×16,768 pixel
- CCD 크기 : 5.6㎛, 초점거리 : 11.2㎝

㉰ 촬영시기 : 9월

㉱ 전진기지 : 부산기지(340km)

㉲ 지상표본거리 : 42㎝

㉳ 촬영중복도 : O.L≒60%, S.L≒30%

㉴ 촬영면적 : 2,400㎢(40㎞×60㎞)

㉵ 운항속도 : 240㎞/hr

㉶ 기지부터 촬영지까지 왕복거리 : 140㎞(산출근거 참조 a+b)

㉷ 비행기 촬영속도: 200㎞/hr

㉸ 촬영방향 : 동-서

㉹ 여유사진매수 : 4매(코스별)

㉺ 해당지역평균쾌청일수 : 2일

② 촬영비행시간 산출근거

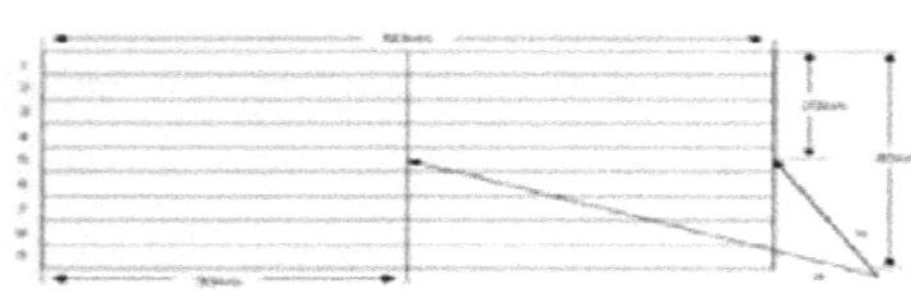

㉮ 기지이동시간 : 4.33hr

㉠ 기지이동순항시간 : (340km×2)÷240km/hr=2.83hr

㉡ 이착륙 및 시운전시간 : 0.75hr×2=1.5hr

㉯ 촬영운항시간 : 9.37hr (1.75+3.12+4.5)

㉠ 계기비행시간 : 부산수영비행장 해당 없음

⑥ 운항비, 촬영비 및 재료비는 별도 계상한다.

㉮ 상각비계상은 장비취득가격의 10%를 잔존가치로 하며, 항공기의 상각년수 6년, 총가동시간 1,200시간으로 하고 카메라와 GNSS/INS의 상각년수 6년, 총가동시간 1,200시간으로 한다.

㉯ 항공기 및 카메라와 GNSS/INS의 가동시간 정비비와 엔진 오버홀비(overhaul)의 계산식은 다음과 같다.

$$(\text{가동시간정비비}) = \frac{(\text{취득가격})}{(\text{연가동시간})} \times 0.05$$

$$(\text{가동시간오버홀비}) = (\text{오버홀비}) \times \left(\frac{1}{900} - \frac{1}{(\text{총가동시간})}\right)$$

⑦ 본 품의 성과작성품은 관련한 최신 항공사진측량 작업 및 성과에 관한 규정을 따른다.

[설계예]

① 설계제원

㉮ 사용항공기 : 항공사진촬영이 가능한 경비행기

㉯ 사용카메라 : 디지털 카메라 및 GNSS/INS가 부착된 동종의 카메라

∘ 디지털카메라 제원

- 영상 크기 : 14,016×16,768 pixel
- CCD 크기 : 5.6㎛, 초점거리 : 11.2㎝

㉰ 촬영시기 : 9월

㉱ 전진기지 : 부산기지(340km)

㉲ 지상표본거리 : 42㎝

㉳ 촬영중복도 : O.L≒60%, S.L≒30%

㉴ 촬영면적 : 2,400㎢(40㎞×60㎞)

㉵ 운항속도 : 240㎞/hr

㉶ 기지부터 촬영지까지 왕복거리 : 140㎞(산출근거 참조 a+b)

㉷ 비행기 촬영속도: 200㎞/hr

㉸ 촬영방향 : 동-서

㉹ 여유사진매수 : 4매(코스별)

㉺ 해당지역평균쾌청일수 : 2일

㉻ 총 사진매수 : 104매

② 촬영비행시간 산출근거

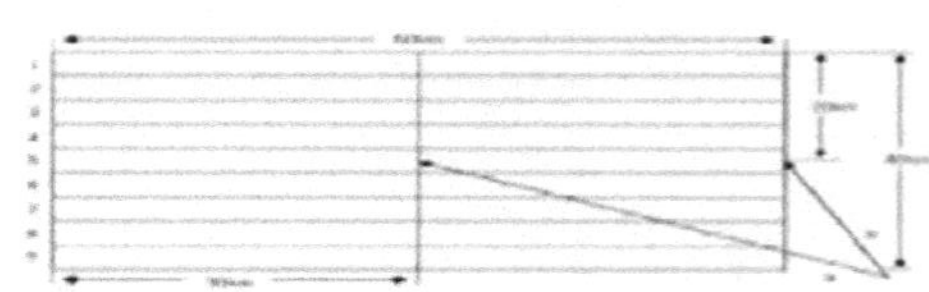

㉮ 기지이동시간 : 4.33hr

㉠ 기지이동순항시간 : (340km×2)÷240km/hr=2.83hr

㉡ 이착륙 및 시운전시간 : 0.75hr×2=1.5hr

㉯ 촬영운항시간 : 9.37hr (1.75+3.12+4.5)

㉠ 계기비행시간 : 부산수영비행장 해당 없음

<table>
<tr>
<td></td>
<td>㉡ 왕복운항시간 :140km÷240km/hr × X(3)회=1.75hr
㉢ 순촬영시간 :{(60km+ 9.4km)×9}÷200km/hr=3.12hr

$순촬영시간 = \frac{((촬영코스순연장)+(여유사진매수연장))\times 코스수)}{(축척별운항속도)}$

※ 여유사진 매수 = 기선장 * 여유매수(4매)

㉣ 예비운항시간 : 4.5hr
- 시운전 : 25분×X(3)회=1.25hr
- 편류측정 : 15분×6회=1.50hr
- 코스진입 : 5분×9회=0.75hr
- 이착륙 : 20분×X(3)회=1hr
* 촬영소요횟수 산출식 (산출근거

$X = \frac{(왕복운항시간+순촬영시간+(편류측정+코스진입시간)+(이착륙+시운전))\times 1.3+왕복운항시간}{5}$
$= \frac{((0.58X+3.12+2.25+0.75X)\times 1.3+0.58X)}{5} = 2.594 \fallingdotseq 3회$

㉰ 천후장애시간 : 1.75hr×2.0=3.5hr
㉱ 보완촬영시간 : 9.37hr×0.5=4.69hr
㉲ 순촬영소요횟수(일수) : (촬영운항시간+ 천후장애시간+ 보완촬영시간)/5=(9.37hr+ 3.5hr+ 4.69hr)÷5hr=3.51회≒4회
㉳ 총촬영운항시간 : 기지이동시간+ 촬영운항시간+ 천후장애시간+ 보완촬영시간=4.33hr+ 9.37hr+ 3.5hr+ 4.69hr=21.89hr
㉴ 운항소요일수 :
$\frac{(30일)}{(해당월의쾌청일수)}\times(순촬영소요일수)+(기지이동)$
$=30일/2일\times 3.51일+1일=54일$</td>
<td>㉡ 왕복운항시간 :140km÷240km/hr × X(3)회=1.75hr
㉢ 순촬영시간 :{(60km+ 9.4km)×9}÷200km/hr=3.12hr

$순촬영시간 = \frac{((촬영코스순연장)+(여유사진매수연장))\times 코스수)}{(축척별운항속도)}$

※ 여유사진 매수 = 기선장 * 여유매수(4매)

㉣ 예비운항시간 : 4.5hr
- 시운전 : 25분×X(3)회=1.25hr
- 편류측정 : 15분×6회=1.50hr
- 코스진입 : 5분×9회=0.75hr
- 이착륙 : 20분×X(3)회=1hr
* 촬영소요횟수 산출식 (산출근거

$X = \frac{(왕복운항시간+순촬영시간+(편류측정+코스진입시간)+(이착륙+시운전))\times 1.3+왕복운항시간}{5}$
$= \frac{((0.58X+3.12+2.25+0.75X)\times 1.3+0.58X)}{5} = 2.594 \fallingdotseq 3회$

㉰ 천후장애시간 : 1.75hr×2.0=3.5hr
㉱ 보완촬영시간 : 9.37hr×0.5=4.69hr
㉲ 순촬영소요횟수(일수) : (촬영운항시간+ 천후장애시간+ 보완촬영시간)/5=(9.37hr+ 3.5hr+ 4.69hr)÷5hr=3.51회≒4회
㉳ 총촬영운항시간 : 기지이동시간+ 촬영운항시간+ 천후장애시간+ 보완촬영시간=4.33hr+ 9.37hr+ 3.5hr+ 4.69hr=21.89hr
㉴ 운항소요일수 :
$\frac{(30일)}{(해당월의쾌청일수)}\times(순촬영소요일수)+(기지이동)$
$=30일/2일\times 3.51일+1일=54일$</td>
<td></td>
</tr>
</table>

구분	단위	수량	비고
(1) 작업계획			
㉮ 인건비			
㉠ 계획준비			
특급기술자	인/일	3.12	[토목부문] 9-7-1 / 6.[주] ① 참조
중급기술자	인/일	3.12	
㉡ GNSS/INS 처리			
고급기술자	인/일	0.06	[토목부문] 9-7-1 / 6.[주] ③ 참조
㉢ 데이터전처리			
고급기술자	인/일	9.99	[토목부문] 9-7-1 / 6.[주] ④ 참조
중급기술자	인/일	9.99	
고급기능사	인/일	5.00	
㉣ 정리			
고급기술자	인/일	6.25	[토목부문] 9-7-1 / 6.[주] ⑤ 참조
중급기술자	인/일	6.25	
㉯ 재료비	매		계획용지도
(2) 총촬영비			
㉮ 인건비	일	54	조종사, 고급기술자, 정비사
㉯ 운항비			
㉠ 가솔린	시간	21.89	
㉡ 오일	시간	21.89	
㉢ 상각비	시간	21.89	비행기 상각비
㉣ 오버홀비	시간	21.89	엔진오버홀비
㉤ 정비비	시간	21.89	비행기 정비비
㉰ 촬영비			
㉠ 정비비	시간	21.89	카메라 정비비
㉡ 상각비	시간	21.89	카메라 상각비
㉱ 체류비			
㉠ 여비	일	54	
㉡ 비행장사용료	일	54	조종사, 고급기술자, 정비사
㉲ 보험료			
㉠ 비행기	일	54	약정에 의한 지불액
㉡ 승무원	일	54	
㉢ 카메라	일	54	
㉣ 제3자	일	54	

구분	단위	수량	비고
(1) 작업계획			
㉮ 인건비			
㉠ 계획준비			
특급기술자	인/일	3.12	작업일수×작업인원×총 사진매수/1일 처리매수
중급기술자	인/일	3.12	
㉡ GNSS/INS 데이터처리			
고급기술자	인/일	0.06	작업일수×작업인원×총 사진매수/1일 처리매수
㉢ 데이터전처리			
고급기술자	인/일	9.99	작업일수×작업인원×총 사진매수/1일 처리매수
중급기술자	인/일	9.99	
고급기능사	인/일	5.00	
㉣ 정리			
고급기술자	인/일	0.96	작업일수×작업인원×총 사진매수/1일 처리매수
중급기술자	인/일	0.96	
㉯ 재료비	매		계획용지도
(2) 총촬영비			
㉮ 인건비	일	54	조종사, 고급기술자, 정비사
㉯ 운항비			
㉠ 가솔린	시간	21.89	
㉡ 오일	시간	21.89	
㉢ 상각비	시간	21.89	비행기 상각비
㉣ 오버홀비	시간	21.89	엔진오버홀비
㉤ 정비비	시간	21.89	비행기 정비비
㉰ 촬영비			
㉠ 정비비	시간	21.89	카메라 정비비
㉡ 상각비	시간	21.89	카메라 상각비
㉱ 체류비			
㉠ 여비	일	54	
㉡ 비행장사용료	일	54	조종사, 고급기술자, 정비사
㉲ 보험료			
㉠ 비행기	일	54	약정에 의한 지불액
㉡ 승무원	일	54	
㉢ 카메라	일	54	
㉣ 제3자	일	54	

<table>
<tr><th>구분</th><th>현 행</th><th>개 정(안)</th><th>비고</th></tr>
<tr><td>- 보완</td><td>

9-5-1 항공사진촬영('10. '21년 보완)

6. 항공사진촬영

[주] ① 촬영거리 200km를 1작업 단위로 한다.
② 본 품의 기술자는 항공사진 측량에 관한 전문적인 지식이 있어야 한다.
㉮ 특급기술자는 항공사진 측량작업의 계획, 준비, 감독 및 점검을 한다.
㉯ 고급기술자는 데이터 전처리 공정의 계획, 준비 및 데이터 전처리 작업을 수행한다.
…
⑦ 본 품의 성과작성품은 관련한 최신 항공사진측량 작업규정을 따른다.
…

7. 항공사진 DB 구축('21년 신설)

[주] ① 계획준비·정리·점검에 의한 작업량에 따른 증감계수

<table><tr><th>작업량</th><th>50매</th><th>200매</th><th>500매</th><th>1,000매 이상</th><th>비고</th></tr><tr><td>증감계수</td><td>2.0</td><td>1.3</td><td>1</td><td>0.90</td><td></td></tr></table>

∘ 작업량 증감율 (R) = 0.8+100/Q(Q는 실시작업량)
∘ 작업량이 1,000장을 초과해도 증감계수는 0.90까지만 적용한다.
② 측량성과데이터 등록은 촬영기록부, 표정도, 촬영코스별검사표 이외의 입력을 필요로 하는 경우는 별도 계상한다.
…
⑤ 본 품의 성과작성품은 관련한 최신 항공사진측량 작업규정을 따른다.
…

</td><td>

9-5-1 항공사진촬영('10. '21년 보완)

6. 항공사진촬영

[주] ① 촬영거리 200km를 1작업 단위로 한다.
② 본 품의 기술자는 항공사진 측량에 관한 전문적인 지식이 있어야 한다.
㉮ 특급기술자는 항공사진 측량작업의 계획, 준비, 감독 및 점검을 한다.
㉯ 고급기술자는 데이터 전처리 공정의 계획, 준비 및 데이터 전처리 작업을 수행한다.
…
⑦ 본 품의 성과작성품은 관련한 최신 항공사진측량 작업 및 성과에 관한 규정을 따른다.
…

7. 항공사진 DB 구축('21년 신설)

[주] ① 계획준비·정리·점검에 의한 작업량에 따른 증감계수

<table><tr><th>작업량</th><th>50매</th><th>200매</th><th>500매</th><th>1,000매 이상</th><th>비고</th></tr><tr><td>증감계수</td><td>2.0</td><td>1.3</td><td>1</td><td>0.90</td><td></td></tr></table>

∘ 작업량 증감율 (R) = 0.8+100/Q(Q는 실시작업량)
∘ 작업량이 1,000장을 초과해도 증감계수는 0.90까지만 적용한다.
② 측량성과데이터 등록은 촬영기록부, 표정도, 촬영코스별검사표 이외의 입력을 필요로 하는 경우는 별도 계상한다.
…
⑤ 본 품의 성과작성품은 관련한 최신 항공사진측량 작업 및 성과에 관한 규정을 따른다.
…

</td><td></td></tr>
</table>

구분	현　행	개　정(안)	비고
- 보완	**9-5-2 대공표지('21년 보완)** [주] ① 본 품은 40점을 1작업단위로 하고, 대공표지설치에 적용한다. ② 대공표지란 도화작업 및 사진기준점 측량에 필요한 기준점을 입체항공사진상에 표시하기 위하여 사진촬영 전에 현지에 설치하는 표지를 말한다. ③ 대공표지는 사진축척에 따라 사진상에 약 0.03㎜의 모양이 현저하게 나타날 수 있도록 대공표지의 크기, 색조 및 형을 결정한다. ④ 본 품은 점당거리 평균 1km를 기준으로 한 것이며, 1km이상일 경우에는 다음의 계수를 곱하여 계상할 수 있다. … ⑨ 본 품의 성과작성품은 관련한 최신 항공사진측량 작업규정을 따른다. …	**9-5-2 대공표지('21년 보완)** [주] ① 본 품은 40점을 1작업단위로 하고, 대공표지설치에 적용한다. ② 대공표지란 도화작업 및 사진기준점 측량에 필요한 기준점을 입체항공사진상에 표시하기 위하여 사진촬영 전에 현지에 설치하는 표지를 말한다. ③ 대공표지는 사진축척에 따라 사진상에 약 0.03㎜의 모양이 현저하게 나타날 수 있도록 대공표지의 크기, 색조 및 형을 결정한다. ④ 본 품은 점당거리 평균 1km를 기준으로 한 것이며, 1km이상일 경우에는 다음의 계수를 곱하여 계상할 수 있다. … ⑨ 본 품의 성과작성품은 관련한 최신 항공사진측량 작업 및 성과에 관한 규정을 따른다. …	
- 보완	**9-5-3 사진 기준점 측량('21년 보완)** [주] ① 사진 기준점 측량이란 사진상에서 측정된 사진좌표 또는 모델좌표를 지상좌표로 변환하는 과정을 말하며, 수치도화기를 이용하는 것을 기준으로 한다. ② 실제 대상지역을 포괄하는 모델수를 적용하되, 표준모델로 산정하는 경우 아래 산식으로 계산할 수 있다. 모델수 = 촬영코스연장(㎞) / 촬영기선장(㎞) × 1.1(안전율) ③ 본 품은 연속된 항공사진 50모델을 1작업 단위로 한 것이다. … ⑦ 본 품의 성과작성품은 관련한 최신 항공사진측량 작업규정을 따른다. …	**9-5-3 사진 기준점 측량('21년 보완)** [주] ① 사진 기준점 측량이란 사진상에서 측정된 사진좌표 또는 모델좌표를 지상좌표로 변환하는 과정을 말하며, 수치도화기를 이용하는 것을 기준으로 한다. ② 실제 대상지역을 포괄하는 모델수를 적용하되, 표준모델로 산정하는 경우 아래 산식으로 계산할 수 있다. 모델수 = 촬영코스연장(㎞) / 촬영기선장(㎞) × 1.1(안전율) ③ 본 품은 연속된 항공사진 50모델을 1작업 단위로 한 것이다. … ⑦ 본 품의 성과작성품은 관련한 최신 항공사진측량 작업 및 성과에 관한 규정을 따른다. …	

구분	현 행	개 정(안)	비고
- 보완	**9-5-4 수치지도 작성('21, '22, '24년 보완)** 1. 수치도화 [주] ① 수치도화라 함은 항공사진 또는 위성사진을 수치도화기로 지형지물을 수치형식으로 측정하여 이를 컴퓨터에 수록하는 작업을 말한다. ② 본 품에 기재되어 있지 않은 사진축척에 대하여는 보간법으로 계산하여 적용할 수 있다. ③ 지형 및 도화작업의 종류에 따라 다음의 계수를 곱하여 계상한다. … ⑨ 본 품의 성과작성품은 관련한 최신 수치지형도 작성 작업규정을 따른다. 2. 수동입력 [주] ① 수동입력이라함은 이미 제작된 지도 또는 측량도면을 수동독취기(디지타이저)에 의해 수치데이터로 입력하는 작업을 말한다. ② 기계비 및 재료비는 별도 계상한다. ㉮ 상각비계상은 장비취득가격의 10%를 잔존가치로 하며, 컴퓨터의 상각년수는 5년, 가동일수는 278일로 한다. … ⑩ 본 품의 성과작성품은 관련한 최신 수치지형도 작성 작업규정을 따른다. … 3. 자동입력 가. 자동독취(Scanning) [주] ① 자동독취라 함은 이미 제작된 지도 또는 측량도면을 자동독취기 (스캐너)에 의해 입력된 래스터파일을 잡음(노이즈) 제거 및 좌표변환하는 작업을 말한다. 다만, 다른 성과를 이용하여 래스터파일을 편집한 경우에는 별도의 품을 계상한다. ② 기계비 및 재료비는 '[토목부문]9-5-4/2. 수동입력'의 품을 적용한다. … ⑥ 본 품의 성과작성품은 관련한 최신 수치지형도 작성 작업규정을 따른다. … 나. 벡터편집 [주] ① 벡터편집이라 함은 이미 제작된 지도 또는 측량 도면을 자동독취기(Scanner)에 의해 수치데이터로 입력하여 좌표 변화된 래스터데이터를 벡터데이터로 편집하는 작업을 말한다. ② 기계비 및 재료비는 '[토목부문] 9-5-4/2. 수동입력'의 품을 적용한다. ③ 벡터편집 작업의 편성 인원은 '[토목부문] 9-5-4/2. 수동입력'의 품을 적용한다. … ⑫ 본 품의 성과작성품은 관련한 최신 수치지형도 작성 작업규정을 따른다. …	**9-5-4 수치지도 작성('21, '22, '24년 보완)** 1. 수치도화 [주] ① 수치도화라 함은 항공사진 또는 위성사진을 수치도화기로 지형지물을 수치형식으로 측정하여 이를 컴퓨터에 수록하는 작업을 말한다. ② 본 품에 기재되어 있지 않은 사진축척에 대하여는 보간법으로 계산하여 적용할 수 있다. ③ 지형 및 도화작업의 종류에 따라 다음의 계수를 곱하여 계상한다. … ⑨ 본 품의 성과작성품은 관련한 최신 수치지형도 작성 작업 및 성과에 관한 규정을 따른다. 2. 수동입력 [주] ① 수동입력이라함은 이미 제작된 지도 또는 측량도면을 수동독취기 (디지타이저)에 의해 수치데이터로 입력하는 작업을 말한다. ② 기계비 및 재료비는 별도 계상한다. ㉮ 상각비계상은 장비취득가격의 10%를 잔존가치로 하며, 컴퓨터의 상각년수는 5년, 가동일수는 278일로 한다. … ⑩ 본 품의 성과작성품은 관련한 최신 수치지형도 작성 작업 및 성과에 관한 규정을 따른다. 3. 자동입력 가. 자동독취(Scanning) [주] ① 자동독취라 함은 이미 제작된 지도 또는 측량도면을 자동독취기 (스캐너)에 의해 입력된 래스터파일을 잡음(노이즈) 제거 및 좌표변환 하는 작업을 말한다. 다만, 다른 성과를 이용하여 래스터파일을 편집한 경우에는 별도의 품을 계상한다. ② 기계비 및 재료비는 '[토목부문]9-5-4/2. 수동입력'의 품을 적용한다. … ⑥ 본 품의 성과작성품은 관련한 최신 수치지형도 작성 작업 및 성과에 관한 규정을 따른다. 나. 벡터편집 [주] ① 벡터편집이라 함은 이미 제작된 지도 또는 측량 도면을 자동독취기(Scanner)에 의해 수치데이터로 입력하여 좌표 변화된 래스터데이터를 벡터데이터로 편집하는 작업을 말한다. ② 기계비 및 재료비는 '[토목부문] 9-5-4/2. 수동입력'의 품을 적용한다. ③ 벡터편집 작업의 편성 인원은 '[토목부문] 9-5-4/2. 수동입력'의 품을 적용한다. … ⑫ 본 품의 성과작성품은 관련한 최신 수치지형도 작성 작업 및 성과에 관한 규정을 따른다.	

	4. 정위치 편집('14년 보완) 가. 축척별 시간당 작업량 [주] ① … ⑨ 본 품의 성과작성품은 관련한 최신 수치지형도 작성 작업규정을 따른다. **5. 도면제작 편집('10, '14년)** 가. 1:1편집 [주] ① … ④ 본 품의 성과작성품은 관련한 최신 수치지형도 작성 작업규정을 따른다. 나. 축소편집 (1) 도면제작 [주] ① … ⑨ 본 품의 성과작성품은 관련한 최신 수치지형도 작성 작업규정을 따른다. (2) 수치지도 [주] ① … ⑦ 본 품의 성과작성품은 관련한 최신 수치지형도 작성 작업규정을 따른다. 다. 자동 지도제작('05년 신설) (1) 축척별시간당 작업량 [주] ① … ⑨ 본 품의 성과작성품은 관련한 최신 수치지형도 작성 작업규정을 따른다. **6. 구조화 편집** 가. 수치지형도 (1) 축척별시간당 작업량 [주] ① … ⑨ 본 품의 성과작성품은 관련한 최신 수치지형도 작성 작업규정을 따른다. 나. 수치지형도(Ver2.0) (1) 기존 수치지형도 활용 [주] ① … ⑧ 본 품의 성과작성품은 관련한 최신 수치지형도 작성 작업규정을 따른다. (2) 신규작업 [주] ① … ⑧ 본 품의 성과작성품은 관련한 최신 수치지형도 작성 작업규정을 따른다.	**4. 정위치 편집('14년 보완)** 가. 축척별 시간당 작업량 [주] ① … ⑨ 본 품의 성과작성품은 관련한 최신 수치지형도 작성 작업 및 성과에 관한 규정을 따른다. **5. 도면제작 편집('10, '14년)** 가. 1:1편집 [주] ① … ④ 본 품의 성과작성품은 관련한 최신 수치지형도 작성 작업 및 성과에 관한 규정을 따른다. 나. 축소편집 (1) 도면제작 [주] ① … ⑨ 본 품의 성과작성품은 관련한 최신 수치지형도 작성 작업 및 성과에 관한 규정을 따른다. (2) 수치지도 [주] ① … ⑦ 본 품의 성과작성품은 관련한 최신 수치지형도 작성 작업 및 성과에 관한 규정을 따른다. 다. 자동 지도제작('05년 신설) (1) 축척별시간당 작업량 [주] ① … ⑨ 본 품의 성과작성품은 관련한 최신 수치지형도 작성 작업 및 성과에 관한 규정을 따른다. **6. 구조화 편집** 가. 수치지형도 (1) 축척별시간당 작업량 [주] ① … ⑨ 본 품의 성과작성품은 관련한 최신 수치지형도 작성 작업 및 성과에 관한 규정을 따른다. 나. 수치지형도(Ver2.0) (1) 기존 수치지형도 활용 [주] ① … ⑧ 본 품의 성과작성품은 관련한 최신 수치지형도 작성 작업 및 성과에 관한 규정을 따른다. (2) 신규작업 [주] ① … ⑧ 본 품의 성과작성품은 관련한 최신 수치지형도 작성 작업 및 성과에 관한 규정을 따른다.	

<table>
<tr><th>구분</th><th>현 행</th><th>개 정(안)</th><th>비고</th></tr>
<tr><td>- 보완</td><td>9-5-6 지도제작(기본도)
나. 수치지도 제작
[주] ①
…
⑨ 수치지도제작을 위한 지리조사라 함은 수치지형도 작성 작업규정(국토지리정보원 고시)에 의하여 조사함을 말한다.</td><td>9-5-6 지도제작(기본도)
나. 수치지도 제작
[주] ①
…-
⑨ 수치지도제작을 위한 지리조사라 함은 수치지형도 작성 작업 및 성과에 관한 규정(국토지리정보원 고시)에 의하여 조사함을 말한다.</td><td></td></tr>
<tr><td>- 보완</td><td>9-5-10 무인비행장치 측량('20년 신설)
[주] ① 본 품은 국토지리정보원의 "무인비행장치 이용 공공측량 작업지침(이하 작업지침)"의 작업방법에 따라, 측량용 무인비행장치를 이용하여 기준면적 0.25㎢의 평지에 대한 정사영상 제작 등을 기준으로 한 것이다.
…
③ 대공표지 설치 및 지상기준점측량에는 대공표지설치, 평면기준점측량, 표고기준점측량을 포함한다.
㉮ 대공표지 설치는 면적 0.25㎢에서 점간 거리 0.5㎞ 이하의 간격으로 7점의 대공표지를 설치하는 것을 기준으로 한 것이며, 면적이 증가할 경우 작업지침 제9조 및 제 11조의 기준점 및 검사점 총 수량에 비례하여 계상한다. 다만 대공표지의 설치 등을 위해 벌채 등이 필요한 경우에는 별도로 계상하며, 간석지 작업의 경우는 간조시간을 고려하여 본 품의 3배까지 가산할 수 있다.
㉯ 평면기준점측량은 점간 거리 0.5㎞ 이하의 간격으로 배치된 7점(기준점 4점, 검사점 3점)에 대해 "9-1-4 4급 기준점 측량"을 적용한 것으로, 면적이 증가할 경우 작업지침 제9조 및 제11조 경우 기준점 및 검사점 총 수량에 비례하여 계상한다.</td><td>9-5-10 무인비행장치 측량('20년 신설)
[주] ① 본 품은 국토지리정보원의 "무인비행장치 측량 작업규정(이하 작업규정)"의 작업방법에 따라, 측량용 무인비행장치를 이용하여 기준면적 0.25㎢의 평지에 대한 정사영상 제작 등을 기준으로 한 것이다.
…
③ 대공표지 설치 및 지상기준점측량에는 대공표지설치, 평면기준점측량, 표고기준점측량을 포함한다.
㉮ 대공표지 설치는 면적 0.25㎢에서 점간 거리 0.5㎞ 이하의 간격으로 7점의 대공표지를 설치하는 것을 기준으로 한 것이며, 면적이 증가할 경우 작업규정 제9조 및 제 11조의 기준점 및 검사점 총 수량에 비례하여 계상한다. 다만 대공표지의 설치 등을 위해 벌채 등이 필요한 경우에는 별도로 계상하며, 간석지 작업의 경우는 간조시간을 고려하여 본 품의 3배까지 가산할 수 있다.
㉯ 평면기준점측량은 점간 거리 0.5㎞ 이하의 간격으로 배치된 7점(기준점 4점, 검사점 3점)에 대해 "9-1-4 4급 기준점 측량"을 적용한 것으로, 면적이 증가할 경우 작업규정 제9조 및 제11조 경우 기준점 및 검사점 총 수량에 비례하여 계상한다.</td><td></td></tr>
</table>

구분	현 행	개 정(안)	비고
- 신설		9-18 자료정비	

9-18 자료정비

9-18-1 개별지적(전산)자료정비(토지·수치)

작업구분		인원수			비고
		지적기사	지적산업기사	지적기능사	
계획준비		(0.002)	(0.002)		( )는 내업임
자료조사			(0.010)		
준비도작성			(0.007)		
자료정비			(0.030)	(0.030)	
성과결정		(0.004)			
성과점검 및 인계		(0.004)			
소계	외업				
	내업	(0.010)	(0.049)	(0.030)	
합계		0.010	0.049	0.030	

[주] ① 본 품은 「공간정보의 구축 및 관리 등에 관한 법률」 제84조제2항 및 같은 법 시행령 제82조에 따라 개별지적전산자료의 오류(축척별, 행정구역별, 도곽별 등)를 조사·정비하기 위한 업무를 수행할 경우의 품이다.

② 성과작성품

본 품에는 다음의 성과작성품이 포함되어 있다.

㉮ 성과도면파일(DAT 등)

㉯ 성과조서파일 및 인쇄물

③ 기타사항

㉮ 본 품은 1필지를 기준한 것이다.

㉯ 성과 탑재 완료 후 관리기관의 자료변동 등으로 인한 유지보수 발생 시에는 별도 품을 계상한다.

㉰ 본 품에 사용되는 기계경비 및 재료소모품비는 별도 계상한다.

<table>
<tr><th>구분</th><th>현 행</th><th>개 정(안)</th><th>비고</th></tr>
<tr><td>- 신설</td><td></td><td>

9-18-2 개별지적(전산)자료정비(임야)

<table>
<tr><th colspan="2" rowspan="2">작업
구분</th><th colspan="3">인원수</th><th rowspan="2">비고</th></tr>
<tr><th>지적
기사</th><th>지적
산업기사</th><th>지적
기능사</th></tr>
<tr><td colspan="2">계획준비</td><td>(0.002)</td><td>(0.002)</td><td></td><td rowspan="9">( )는
내업임</td></tr>
<tr><td colspan="2">자료조사</td><td></td><td>(0.010)</td><td></td></tr>
<tr><td colspan="2">준비도작성</td><td></td><td>(0.009)</td><td></td></tr>
<tr><td colspan="2">자료정비</td><td></td><td>(0.042)</td><td>(0.042)</td></tr>
<tr><td colspan="2">성과결정</td><td>(0.005)</td><td></td><td></td></tr>
<tr><td colspan="2">성과점검 및 인계</td><td>(0.004)</td><td></td><td></td></tr>
<tr><td rowspan="2">소계</td><td>외업</td><td></td><td></td><td></td></tr>
<tr><td>내업</td><td>(0.011)</td><td>(0.063)</td><td>(0.042)</td></tr>
<tr><td colspan="2">합계</td><td>0.011</td><td>0.063</td><td>0.042</td></tr>
</table>

[주] ① 본 품은 「공간정보의 구축 및 관리 등에 관한 법률」제84조제2항 및 같은 법 시행령 제82조에 따라 개별지적전산자료의 오류(축척별, 행정구역별, 도곽별 등)를 조사·정비하기 위한 업무를 수행할 경우의 품이다.

② 성과작성품

본 품에는 다음의 성과작성품이 포함되어 있다.

㉮ 성과도면파일(DAT 등)

㉯ 성과조서파일 및 인쇄물

③ 기타사항

㉮ 본 품은 1필지를 기준한 것이다.

㉯ 성과 탑재 완료 후 관리기관의 자료변동 등으로 인한 유지보수 발생 시에는 별도 품을 계상한다.

㉰ 본 품에 사용되는 기계경비 및 재료소모품비는 별도 계상한다.

</td><td></td></tr>
</table>

구분	현 행	개 정(안)	비고
- 신설		(see below)	

9-18-3 연속지적도 작성(도해·수치)

작업 구분		인원수			비고
		지적 기사	지적 산업기사	지적 기능사	
계획 및 준비		(0.001)	(0.001)		( )는 내업임
자료조사 및 수집			(0.001)		
공간/속성자료 위상, 구조화작업			(0.014)	(0.007)	
성과대조 및 협의		(0.001)			
성과납품		(0.001)			
소계	외업				
	내업	(0.003)	(0.016)	(0.007)	
합계		0.003	0.016	0.007	

[주] ① 본 품은 「공간정보의 구축 및 관리 등에 관한 법률」 제90조의2에 따라 부동산종합공부시스템에 구축된 지적도면을 이용하여 토지정책기반자료로 활용될 수 있는 데이터를 구축하기 위한 연속된 형태의 도면을 신규로 작성할 경우의 품이다.

② 성과작성품

본 품에는 다음의 성과작성품이 포함되어 있다.

㉮ 연속지적도

㉯ 좌표데이터

㉰ 완료보고서 등

③ 기타사항

㉮ 본 품은 지적(임야)도 1도곽을 기준한 것이다.

㉯ 본 품에 사용되는 기계경비 및 재료소모품비는 별도 계상한다.

<table>
<tr><th>구분</th><th>현 행</th><th>개 정(안)</th><th>비고</th></tr>
<tr><td>- 신설</td><td></td><td>

9-18-4 연속지적도 품질개선(토지)

작업 구분		인원수 지적 기사	인원수 지적 산업기사	인원수 지적 기능사	비고
계획 및 준비		(0.001)	(0.001)		( )는 내업임
자료조사 및 수집			(0.001)		
자료분석 및 기초자료 정비			(0.001)	(0.001)	
공간/속성자료 위상, 구조화수정			(0.036)		
성과대조 및 협의		(0.002)			
성과납품		(0.001)	(0.001)		
소계	외업				
	내업	(0.004)	(0.040)	(0.001)	
합계		0.004	0.040	0.001	

[주] ① 본 품은 「공간정보의 구축 및 관리 등에 관한 법률」 제90조의2에 따라 부동산종합공부시스템에 구축된 연속지적도를 지적측량 현황 데이터 및 지적활용데이터 등을 이용, 데이터베이스의 품질을 향상하여 국가공간정보체계의 기반지리정보가 될 수 있도록 데이터베이스를 구축하는 업무를 수행할 경우의 품이다.

② 성과작성품

본 품에는 다음의 성과작성품이 포함되어 있다.

㉮ 개별지적정비데이터(DAT)

㉯ 연속지적도

㉰ 좌표데이터

㉱ 필지별 정비조서(정비한 개별지적 대상)

㉲ 정비 전후 비교(요구시)

㉳ 완료보고서 등

③ 기타사항

㉮ 본 품은 지적(임야)도 1도곽을 기준한 것이다.

㉯ 본 품에 사용되는 기계경비 및 재료소모품비는 별도 계상한다.

</td><td></td></tr>
</table>

구분	현 행	개 정(안)	비고
- 신설		9-18-5 연속지적도 품질개선(임야) (see below)	

9-18-5 연속지적도 품질개선(임야)

작업 구분		인원수			비고
		지적 기사	지적 산업기사	지적 기능사	
계획 및 준비		(0.001)	(0.001)		( )는 내업임
자료조사 및 수집			(0.001)		
자료분석 및 기초자료 정비			(0.002)		
공간/속성자료 위상, 구조화수정			(0.038)		
성과대조 및 협의		(0.002)			
성과납품		(0.001)	(0.001)		
소계	외업				
	내업	(0.004)	(0.043)		
합계		0.004	0.043		

[주] ① 본 품은 「공간정보의 구축 및 관리 등에 관한 법률」 제90조의2에 따라 부동산종합공부시스템에 구축된 연속지적도를 지적측량 현황 데이터 및 지적활용 데이터 등을 이용, 데이터베이스의 품질을 향상하여 국가공간정보체계의 기반 지리정보가 될 수 있도록 데이터베이스를 구축하는 업무를 수행할 경우의 품이다.

② 성과작성품

본 품에는 다음의 성과작성품이 포함되어 있다.

㉮ 개별지적정비데이터(DAT)

㉯ 연속지적도

㉰ 좌표데이터

㉱ 필지별 정비조서(정비한 개별지적 대상)

㉲ 정비 전후 비교(요구시)

㉳ 완료보고서 등

③ 기타사항

㉮ 본 품은 지적(임야)도 1도곽을 기준한 것이다.

㉯ 본 품에 사용되는 기계경비 및 재료소모품비는 별도 계상한다.

<table>
<tr><th>구분</th><th>현 행</th><th>개 정(안)</th><th>비고</th></tr>
<tr><td>- 신설</td><td></td><td>

9-18-6 연속지적도 품질개선(수치)

작업 구분		인원수			비고
		지적 기사	지적 산업기사	지적 기능사	
계획 및 준비		(0.001)			( )는 내업임
자료조사 및 수집			(0.001)		
자료분석 및 기초자료 정비			(0.001)		
공간/속성자료 위상, 구조화수정			(0.010)	(0.010)	
성과대조 및 협의			(0.002)		
성과납품		(0.001)			
소계	외업				
	내업	(0.002)	(0.014)	(0.010)	
합계		0.002	0.014	0.010	

[주] ① 본 품은 「공간정보의 구축 및 관리 등에 관한 법률」 제90조의2에 따라 부동산종합공부시스템에 구축된 연속지적도를 지적측량 현황 데이터 및 지적활용데이터 등을 이용, 데이터베이스의 품질을 향상하여 국가공간정보체계의 기반지리정보가 될 수 있도록 데이터베이스를 구축하는 업무를 수행할 경우의 품이다.

② 성과작성품
본 품에는 다음의 성과작성품이 포함되어 있다.
㉮ 개별지적정비데이터(DAT)
㉯ 연속지적도
㉰ 좌표데이터
㉱ 필지별 정비조서(정비한 개별지적 대상)
㉲ 정비 전후 비교(요구시)
㉳ 완료보고서 등

③ 기타사항
㉮ 본 품은 지적(임야)도 1도곽을 기준한 것이다.
㉯ 본 품에 사용되는 기계경비 및 재료소모품비는 별도 계상한다.

</td><td></td></tr>
</table>

– [건축] 제5장 수장공사 –

<table>
<tr><th>구분</th><th>현 행</th><th>개 정(안)</th><th>비고</th></tr>
<tr><td>- 신설</td><td>- 항목 신설 -</td><td>

5-1 바닥
5-1-5 바닥용 배수판 설치
(일당)
<table>
<tr><th rowspan="2">구 분</th><th rowspan="2">단 위</th><th rowspan="2">수 량</th><th colspan="3">시공량(㎡)</th></tr>
<tr><th>규격 0.5㎡이하</th><th>규격 1.0㎡이하</th><th>규격 2.0㎡이하</th></tr>
<tr><td>내 장 공</td><td>인</td><td>2</td><td rowspan="2">210</td><td rowspan="2">260</td><td rowspan="2">320</td></tr>
<tr><td>보 통 인 부</td><td>인</td><td>1</td></tr>
</table>
[주] ① 본 품은 결로방지 및 누수처리를 위해 바닥 콘크리트에 배수판을 설치하는 기준이다.
② 본 품은 바탕정리, 배수판 절단 및 설치, 이음부 테이핑 작업을 포함한다.
③ 공구손료 및 경장비(절단기, 타정기 등)의 기계경비는 인력품의 2%를 계상한다.
</td><td></td></tr>
<tr><td>- 신설</td><td>- 항목 신설 -</td><td>

5-3 벽
5-3-8 벽체용 배수판 설치
(일당)
<table>
<tr><th>구 분</th><th>단 위</th><th>수 량</th><th>시공량(㎡)</th></tr>
<tr><td>내 장 공</td><td>인</td><td>2</td><td rowspan="2">50</td></tr>
<tr><td>보 통 인 부</td><td>인</td><td>1</td></tr>
</table>
[주] ① 본 품은 결로방지 및 누수처리를 위해 구조체벽에 배수판(규격 0.5㎡이하)을 설치하는 기준이다.
② 본 품은 바탕정리, 바탕패널 절단 및 설치, 마감패널 설치, 몰딩 작업을 포함한다.
③ 공구손료 및 경장비(절단기, 타정기 등)의 기계경비는 인력품의 3%를 계상한다.
</td><td></td></tr>
</table>

- [건축] 제7장 지붕 및 홈통공사 -

구분	현 행	개 정(안)	비고
- 보완	7-1 지붕 / 7-1-1 금속기와 잇기('16년 신설, '22년 보완)	7-1 지붕 / 7-1-1 금속기와 잇기	

현 행

7-1 지붕

7-1-1 금속기와 잇기('16년 신설, '22년 보완)

(㎡당)

구 분	단 위	개당 면적	
		1.0㎡이하	1.0㎡초과
지 붕 잇 기 공	인	0.050	0.040
보 통 인 부	인	0.010	0.010
비 고	- 급경사(3/4이상, 35°이상)일 경우 본 품의 20%를 가산한다.		

[주] ① 본 품은 피스로 고정하는 금속기와 지붕재의 설치 기준이다.
② 본 품은 금속기와 절단 및 잇기 작업을 포함한다.
③ 후레싱 설치는 '[건축부문] 7-1-7 후레싱 설치'를 따른다.
④ 가시설물(비계, 안전발판 등)이 필요한 경우 작업여건(경사도 등) 및 「지붕공사 안전보건작업 기술지침」을 고려하여 별도 계상한다.
⑤ 공구손료 및 경장비(전동드릴 등)의 기계경비는 인력품의 2%로 계상한다.
⑥ 잡재료 및 소모재료(고정철물 등)는 주재료비의 2%로 계상한다.

개 정(안)

7-1 지붕

7-1-1 금속기와 잇기

(일당)

구 분	단 위	수 량	시공량(㎡)	
			1.0㎡이하	1.0㎡초과
지 붕 잇 기 공	인	3	65	80
보 통 인 부	인	1		
비 고	- 지붕경사 30°이상일 경우 시공량의 17%를 감하여 적용한다.			

[주] ① 본 품은 금속기와 지붕재의 설치 기준이다.
② 본 품은 금속기와 절단 및 잇기, 실링 작업을 포함한다.
③ 후레싱 설치는 '[건축부문] 7-1-7 후레싱 설치'를 따른다.
④ 방수 및 기와걸이 작업은 별도 계상한다.
⑤ 가설비계, 안전난간, 추락방지시설 등 시설물이 필요한 경우 작업여건을 고려하여 별도 계상한다.
⑥ 공구손료 및 경장비(전동드릴 등)의 기계경비는 인력품의 2%로 계상한다.
⑦ 잡재료 및 소모재료(고정철물 등)는 주재료비의 2%로 계상한다.

구분	현 행	개 정(안)	비고
- 보완	7-1-2 금속판 평잇기('16년 신설)	7-1-2 금속판 평잇기	

현 행

7-1-2 금속판 평잇기('16년 신설)

(㎡당)

구 분	단 위	수 량
지 붕 잇 기 공	인	0.07
보 통 인 부	인	0.01
비 고	- 현장조건에 따라 다음과 같이 가산한다.	

벽	급경사(3/4이상, 35°이상)
10%	20%

[주] ① 본 품은 금속판(1㎡ 이하)의 평잇기 작업 기준이다.
② 본 품은 금속판 절단, 잇기, 단부마감(거멀접기) 작업을 포함한다.
③ 후레싱 설치는 '[건축부문] 7-1-7 후레싱 설치'를 따른다.
④ 가시설물(비계, 안전발판 등)이 필요한 경우 작업여건(경사도 등) 및 「지붕공사 안전보건작업 기술지침」을 고려하여 별도 계상한다.
⑤ 공구손료 및 경장비(전동드릴 등)의 기계경비는 인력품의 1%로 계상한다.
⑥ 잡재료 및 소모재료(고정철물 등)는 주재료비의 5%로 계상한다.

개 정(안)

7-1-2 금속판 평잇기

(일당)

구 분	단 위	수 량	시공량(㎡)	
			지붕	벽
지 붕 잇 기 공	인	3	50	45
보 통 인 부	인	1		
비 고	- 지붕경사 30°이상일 경우 시공량의 17%를 감하여 적용한다.			

[주] ① 본 품은 금속판 지붕재(1.0㎡이하)의 평잇기 설치 기준이다.
② 본 품은 금속판 절단 및 잇기, 단부마감(거멀접기), 실링 작업을 포함한다.
③ 후레싱 설치는 '[건축부문] 7-1-7 후레싱 설치'를 따른다.
④ 방수 및 기와걸이 작업은 별도 계상한다.
⑤ 가설비계, 안전난간, 추락방지시설 등 시설물이 필요한 경우 작업여건을 고려하여 별도 계상한다.
⑥ 공구손료 및 경장비(전동드릴 등)의 기계경비는 인력품의 2%로 계상한다.
⑦ 잡재료 및 소모재료(고정철물 등)는 주재료비의 5%로 계상한다.

구분	현 행	개 정(안)	비고

구분: - 보완

현 행

7-1-4 금속판 돌출잇기

(㎡당)

구 분	단 위	수 량
지 붕 잇 기 공	인	0.06
보 통 인 부	인	0.01
비 고	- 현장조건에 따라 다음과 같이 가산한다.	

벽	급경사(3/4이상, 35°이상)
10%	20%

[주] ① 본 품은 금속판(돌출간격 0.3~0.5m)의 돌출잇기 작업 기준이다.
② 본 품은 금속판 절단, 잇기, 단부마감(거멀접기) 작업을 포함한다.
③ 후레싱 설치는 '[건축부문] 7-1-7 후레싱 설치'를 따른다.
④ 가시설물(비계, 안전발판 등)이 필요한 경우 작업여건(경사도 등) 및「지붕공사 안전보건작업 기술지침」을 고려하여 별도 계상한다.
⑤ 공구손료 및 경장비(전동드릴 등)의 기계경비는 인력품의 1%로 계상한다.
⑥ 잡재료 및 소모재료(고정철물 등)는 주재료비의 4%로 계상한다.

개 정(안)

7-1-4 금속판 돌출잇기

(일당)

구 분	단 위	수 량	시공량(㎡)	
			지붕	벽
지 붕 잇 기 공	인	3	55	50
보 통 인 부	인	1		
비 고	- 지붕경사 30°이상일 경우 시공량의 17%를 감하여 적용한다.			

[주] ① 본 품은 금속판 지붕재의 돌출잇기 설치(간격 0.3~0.5m) 기준이다.
② 본 품은 금속판 절단 및 잇기, 단부마감(거멀접기), 실링 작업을 포함한다.
③ 후레싱 설치는 '[건축부문] 7-1-7 후레싱 설치'를 따른다.
④ 방수 및 기와걸이 작업은 별도 계상한다.
⑤ 가설비계, 안전난간, 추락방지시설 등 시설물이 필요한 경우 작업여건을 고려하여 별도 계상한다.
⑥ 공구손료 및 경장비(전동드릴 등)의 기계경비는 인력품의 2%로 계상한다.
⑦ 잡재료 및 소모재료(고정철물 등)는 주재료비의 4%로 계상한다.

구분: - 보완

현 행

7-1-5 아스팔트싱글 설치('16년 보완)

(㎡당)

구 분	단 위	수 량
지 붕 잇 기 공	인	0.07
보 통 인 부	인	0.01
비 고	- 급경사(3/4이상)일 경우 본 품의 20%를 가산한다.	

[주] ① 본 품은 아스팔트싱글(336×1,000×3㎜) 지붕을 설치하는 기준이다.
② 본 품은 싱글 절단 및 잇기 작업을 포함한다.
③ 후레싱 설치는 '[건축부문] 7-1-7 후레싱 설치'를 따른다.
④ 방수재 깔기 및 아스팔트 프라이머 바름 작업은 별도 계상한다.
⑤ 가시설물(비계, 안전발판 등)이 필요한 경우 작업여건(경사도 등) 및「지붕공사 안전보건작업 기술지침」을 고려하여 별도 계상한다.
⑥ 재료량은 다음을 참고한다.

구 분	규 격	단 위	수 량
아 스 팔 트 싱 글	336×1.000×3㎜	매	7.30
잡재료 및 소모재료 (콘크리트 못 등)	주재료비의	%	3

※ 위 재료량은 할증(3%)이 포함되어 있다.
※ 용마루 및 골에 사용하는 싱글의 재료량은 별도계상한다.

개 정(안)

7-1-5 아스팔트싱글 설치

(일당)

구 분	단 위	수 량	시공량(㎡)
지 붕 잇 기 공	인	3	50
보 통 인 부	인	1	
비 고	- 지붕경사 30°이상일 경우 시공량의 17%를 감하여 적용한다.		

[주] ① 본 품은 아스팔트싱글 지붕재(336×1,000×3㎜)의 설치 기준이다.
② 본 품은 싱글 절단 및 잇기, 실링 작업을 포함한다.
③ 후레싱 설치는 '[건축부문] 7-1-7 후레싱 설치'를 따른다.
④ 방수 및 프라이머 바름 작업은 별도 계상한다.
⑤ 가설비계, 안전난간, 추락방지시설 등 시설물이 필요한 경우 작업여건을 고려하여 별도 계상한다.
⑥ 공구손료 및 경장비(전동드릴 등)의 기계경비는 인력품의 2%로 계상한다.

[참고자료] 재료량은 다음을 참고한다.

구 분	규 격	단 위	수 량
아 스 팔 트 싱 글	336×1.000×3㎜	매	7.30
잡재료 및 소모재료 (콘크리트 못 등)	주재료비의	%	3

※ 위 재료량은 할증(3%)이 포함되어 있다.
※ 용마루 및 골에 사용하는 싱글의 재료량은 별도계상한다.

구분	현행	개정(안)	비고
- 보완	**7-1-6 폴리카보네이트 설치('03년 신설, '16년 보완)**	**7-1-6 폴리카보네이트 설치**	

현행

(㎡당)

구분	단위	수량
지붕잇기공	인	0.15
보통인부	인	0.03

[주] ① 본 품은 폴리카보네이트(두께 16mm이하) 지붕을 설치하는 기준이다.
② 본 품은 몰딩 설치, 폴리카보네이트 절단 및 설치, 덮개Bar 설치, 실리콘 마감(코킹) 작업을 포함한다.
③ 가시설물(비계, 안전발판 등)이 필요한 경우 작업여건(경사도 등) 및 「지붕공사 안전보건작업 기술지침」을 고려하여 별도 계상한다.
④ 공구손료 및 경장비(전동드릴, 절단기 등)의 기계경비는 인력품의 3%로 계상한다.
⑤ 재료량은 다음을 참고한다.

구분	규격	단위	수량
폴리카보네이트	-	㎡	1.1
잡재료 및 소모재료 (몰딩, 실리콘, 덮개Bar 등)	주재료비의	%	10

※ 위 재료량은 할증이 포함되어 있다.

개정(안)

(일당)

구분	단위	수량	시공량(㎡)
지붕잇기공	인	3	21
보통인부	인	1	

[주] ① 본 품은 폴리카보네이트 지붕재(두께 16mm이하)의 설치 기준이다.
② 본 품은 몰딩 설치, 폴리카보네이트 절단 및 설치, 덮개Bar 설치, 실리콘 마감(코킹) 작업을 포함한다.
③ 가설비계, 안전난간, 추락방지시설 등 시설물이 필요한 경우 작업여건을 고려하여 별도 계상한다.
④ 공구손료 및 경장비(전동드릴, 절단기 등)의 기계경비는 인력품의 3%로 계상한다.

[참고자료] 재료량은 다음을 참고한다.

구분	규격	단위	수량
폴리카보네이트	-	㎡	1.1
잡재료 및 소모재료 (몰딩, 실리콘, 덮개Bar 등)	주재료비의	%	10

※ 위 재료량은 할증이 포함되어 있다.

<table>
<tr><th>구분</th><th>현 행</th><th>개 정(안)</th><th>비고</th></tr>
<tr><td>- 적정검토</td><td>

7-2 홈통

7-2-1 금속 처마홈통 설치('16년 보완)

(m당)

구 분	단 위	수 량
배 관 공	인	0.06
보 통 인 부	인	0.01

[주] ① 본 품은 금속재 처마홈통(폭 150㎜ 이하)의 설치 기준이다.
② 본 품은 홈통걸이 설치, 홈통 절단 및 설치, 실리콘마감 작업을 포함한다.
③ 공구손료 및 경장비(전동드릴 등)의 기계경비는 인력품의 2%로 계상한다.

</td><td>

7-2 홈통

7-2-1 금속 처마홈통 설치

(m당)

구 분	단 위	수 량
배 관 공	인	현행과 동일
보 통 인 부	인	

[주] ① 본 품은 금속재 처마홈통(폭 150㎜ 이하)의 설치 기준이다.
② 본 품은 홈통걸이 설치, 홈통 절단 및 설치, 실리콘마감 작업을 포함한다.
③ 장비(고소작업차 등)가 필요할 경우 기계경비는 별도 계상한다.
④ 공구손료 및 경장비(전동드릴 등)의 기계경비는 인력품의 2%로 계상한다.

</td><td></td></tr>
<tr><td>- 적정검토</td><td>

7-2-2 염화비닐 처마홈통 설치

(m당)

구 분	단 위	수 량
배 관 공	인	0.05
보 통 인 부	인	0.01

[주] ① 본 품은 염화비닐 처마홈통(폭 150㎜ 이하)의 접착제 부착 작업 기준이다.
② 본 품은 홈통걸이 설치, 홈통 절단 및 설치, 실리콘마감 작업을 포함한다.
③ 공구손료 및 경장비(전동드릴 등)의 기계경비는 인력품의 2%로 계상한다.

</td><td>

7-2-2 염화비닐 처마홈통 설치

(m당)

구 분	단 위	수 량
배 관 공	인	현행과 동일
보 통 인 부	인	

[주] ① 본 품은 염화비닐 처마홈통(폭 150㎜ 이하)의 접착제 부착 작업 기준이다.
② 본 품은 홈통걸이 설치, 홈통 절단 및 설치, 실리콘마감 작업을 포함한다.
③ 장비(고소작업차 등)가 필요할 경우 기계경비는 별도 계상한다.
④ 공구손료 및 경장비(전동드릴 등)의 기계경비는 인력품의 2%로 계상한다.

</td><td></td></tr>
</table>

구분	현 행	개 정(안)	비고

- 적정검토

현 행

7-2-3 금속 선홈통 설치('18년 보완)

(m당)

구 분	단 위	수 량
배 관 공	인	0.09
보 통 인 부	인	0.02

[주] ① 본 품은 금속재 선홈통(ø150㎜, T2.0㎜ 이하)의 설치 기준이다.
② 본 품은 홈통걸이 설치, 홈통 절단 및 설치작업을 포함한다.
③ 공구손료 및 경장비(전동드릴 등)의 기계경비는 인력품의 2%로 계상한다.

개 정(안)

7-2-3 금속 선홈통 설치

(m당)

구 분	단 위	수 량
배 관 공	인	현행과 동일
보 통 인 부	인	

[주] ① 본 품은 금속재 선홈통(ø150㎜, T2.0㎜ 이하)의 설치 기준이다.
② 본 품은 홈통걸이 설치, 홈통 절단 및 설치작업을 포함한다.
③ 장비(고소작업차 등)가 필요할 경우 기계경비는 별도 계상한다.
④ 공구손료 및 경장비(전동드릴 등)의 기계경비는 인력품의 2%로 계상한다.

- 적정검토

현 행

7-2-4 염화비닐 선홈통 설치

(m당)

구 분	단 위	수 량
배 관 공	인	0.06
보 통 인 부	인	0.02
비 고	- 공동주택 등 상하층간 연결고정방식은 본 품의 80%를 적용한다.	

[주] ① 본 품은 염화비닐 선홈통(규격 ø150㎜ 이하)의 접착제 부착 작업 기준이다.
② 본 품은 홈통걸이 설치, 홈통 절단 및 설치작업을 포함한다.
③ 공구손료 및 경장비(전동드릴 등)의 기계경비는 인력품의 2%로 계상한다.

개 정(안)

7-2-4 염화비닐 선홈통 설치

(m당)

구 분	단 위	수 량
배 관 공	인	현행과 동일
보 통 인 부	인	
비 고	- 공동주택 등 상하층간 연결고정방식은 본 품의 80%를 적용한다.	

[주] ① 본 품은 염화비닐 선홈통(규격 ø150㎜ 이하)의 접착제 부착 작업 기준이다.
② 본 품은 홈통걸이 설치, 홈통 절단 및 설치작업을 포함한다.
③ 장비(고소작업차 등)가 필요할 경우 기계경비는 별도 계상한다.
④ 공구손료 및 경장비(전동드릴 등)의 기계경비는 인력품의 2%로 계상한다.

- 적정검토

현 행

7-2-5 물받이홈통 설치('16년 보완)

(개소당)

구 분	단 위	수 량
배 관 공	인	0.08
보 통 인 부	인	0.02

[주] ① 본 품은 처마 또는 지붕배수구에 연결하는 물받이홈통의 설치 기준이다.
② 본 품은 홈통 설치, 실리콘 마감 작업을 포함한다.
③ 잡재료 및 소모재료(실리콘 등)는 주재료비의 2%로 계상한다.

개 정(안)

7-2-5 물받이홈통 설치

(개소당)

구 분	단 위	수 량
배 관 공	인	현행과 동일
보 통 인 부	인	

[주] ① 본 품은 처마 또는 지붕배수구에 연결하는 물받이홈통의 설치 기준이다.
② 본 품은 홈통 설치, 실리콘 마감 작업을 포함한다.
③ 장비(고소작업차 등)가 필요할 경우 기계경비는 별도 계상한다.
④ 잡재료 및 소모재료(실리콘 등)는 주재료비의 2%로 계상한다.

– [건축] 제10장 창호 및 유리공사 –

구분	현 행	개 정(안)	비고
- 보완	(see below: 현행 10-1-3)	(see below: 개정 10-1-3)	
- 신설	- 항목 신설 -	(see below: 개정 10-1-4)	

현 행 (보완)

10-1 창호

10-1-3 알루미늄창호 설치('14, '20년 보완)

(개소당)

구 분	단위	수 량				
		1.0㎡이하	1.0~3.0㎡ 이하	3.0~6.0㎡ 이하	6.0~9.0㎡ 이하	9.0~12.0㎡ 이하
창 호 공	인	0.208	0.283	0.403	0.471	0.512
보 통 인 부	인	0.047	0.063	0.084	0.108	0.116

[주] ① 본 품은 미서기, 프로젝트창 등 알루미늄창호 설치 기준이다.
② 본 품은 앵커 및 연결철물 설치, 창호(틀, 짝) 설치, 마무리 작업을 포함한다.
③ 공구손료 및 경장비(전동드라이버 등)의 기계경비는 인력품의 2%로 계상한다.

개 정(안) (보완)

10-1 창호

10-1-3 알루미늄창호 설치

(개소당)

구 분	단위	수 량				
		1.0㎡이하	1.0~3.0㎡ 이하	3.0~6.0㎡ 이하	6.0~9.0㎡ 이하	9.0~12.0㎡ 이하
창 호 공	인	현행과 동일				
보 통 인 부	인					
비 고	- FIX창, 루버창 등 창호짝 설치가 필요 없는 경우 본 품의 15%를 감하여 적용한다.					

[주] ① 본 품은 미서기, 프로젝트창 등 알루미늄창호 설치 기준이다.
② 본 품은 앵커 및 연결철물 설치, 창호(틀, 짝) 설치, 마무리 작업을 포함한다.
③ 공구손료 및 경장비(드릴 등)의 기계경비는 인력품의 2%로 계상한다

개 정(안) (신설)

10-1-4 조립식 알루미늄창호 설치

(㎡당)

구 분	단위	수 량
창 호 공	인	0.074
보 통 인 부	인	0.029

[주] ① 본 품은 일정 크기의 유닛으로 조립된 부재(폭 1.5m이하)를 반입하여 현장에서 연속적으로 설치하는 AL창호(연창) 기준이다.
② 본 품은 앵커 및 연결철물 설치, 창호(틀, 짝) 설치, 마무리 작업을 포함한다.
③ 알루미늄 프레임을 스틱월방식으로 조립해서 설치하는 경우 '10-1-8 커튼월 프레임 설치'를 따른다.
④ 공구손료 및 경장비(드릴 등)의 기계경비는 인력품의 2%로 계상한다

<table>
<tr><th>구분</th><th>현 행</th><th>개 정(안)</th><th>비고</th></tr>
<tr><td>– 신설</td><td>– 항목 신설 –</td><td>

10-1-7 자동문 설치

(개소당)

<table>
<tr><th>구 분</th><th>단위</th><th>수 량</th></tr>
<tr><td>창 호 공</td><td>인</td><td>0.85</td></tr>
<tr><td>기 계 설 비 공</td><td>인</td><td>0.75</td></tr>
<tr><td>보 통 인 부</td><td>인</td><td>0.47</td></tr>
</table>

[주] ① 본 품은 보행자용 자동문(미닫이유리문)의 설치 기준이다.
② 본 품은 스테인리스 프레임 설치, 구동장치(오퍼레이드 등) 및 감지센서 설치, 작동시험 작업을 포함한다.
③ 유리공사, 전기 및 통신공사는 별도 계상한다.
④ 공구손료 및 경장비(용접기 등)의 기계경비는 인력품의 2%로 계상한다.

</td><td></td></tr>
</table>

구분	현 행	개 정(안)	비고

구분: - 보완

현 행

10-3 유리

10-3-1 창호유리 설치('14, '20년 보완)

(㎡당)

구 분		단 위	수 량 3㎜ 이하	5㎜ 이하	9㎜ 이하	12㎜ 이하	16㎜ 이하	18㎜ 이하	22㎜ 이하	24㎜ 이하	28㎜ 이하
판유리	유 리 공	인	0.072	0.083	0.095	0.124	-	-	-	-	-
	보통인부	인	0.011	0.013	0.015	0.017	-	-	-	-	-
복층유리	유 리 공	인	-	-	-	0.103	0.113	0.118	0.120	0.124	0.133
	보통인부	인	-	-	-	0.016	0.017	0.018	0.019	0.020	0.021

[주] ① 본 품은 일반창호의 유리끼우기 기준이다.
② 본 품은 유리끼우기, 누름대 설치, 실링재 도포, 유리닦기 및 마무리 작업을 포함한다.
③ 특수창호 및 특수유리(접합유리, ~~3중유리~~ 등)인 경우에는 별도 계상한다.

개 정(안)

10-3-1 창호유리 설치

(㎡당)

구 분 (두께)	판유리 유리공 (인)	판유리 보통인부 (인)	복층유리 유리공 (인)	복층유리 보통인부 (인)
3mm이하	현행과 동일		-	-
5mm이하			-	-
9mm이하			-	-
12mm이하				
16mm이하	-	-	현행과 동일	
18mm이하	-	-		
22mm이하	-	-		
24mm이하	-	-		
28mm이하	-	-		
30mm이하	-	-	0.135	0.023
36mm이하	-	-	0.141	0.024
40mm이하	-	-	0.145	0.025
44mm이하	-	-	0.148	0.026
52mm이하	-	-	0.154	0.026

[주] ① 본 품은 일반창호를 유리끼우기 실내공사 기준이다.
② 복층유리 두께 28mm초과는 3중유리 기준이다.
③ 본 품은 유리끼우기, 누름대 설치, 실링재 도포, 유리닦기 및 마무리 작업을 포함한다.
④ 특수창호 및 특수유리(접합유리 등)인 경우에는 별도 계상한다.

구분: - 적정검토

현 행

10-3-2 커튼월유리 설치('14, '20년 보완)

(㎡당)

구 분	단 위	수 량 12㎜이하	16㎜이하	18㎜이하	22㎜이하	24㎜이하	28㎜이하
유 리 공	인	0.120	0.131	0.137	0.139	0.145	0.155
보 통 인 부	인	0.020	0.021	0.022	0.023	0.024	0.025

[주] ① 본 품은 커튼월 프레임에 구조용실란트를 사용하여 복층유리를 부착하는 기준이다.
② 본 품은 노튼테이프 설치, 유리 붙이기, 구조실란트 및 방수실링재 도포, 유리닦기 및 마무리 작업을 포함한다.
③ 특수창호 및 특수유리(접합유리, 3중유리 등)인 경우에는 별도 계상한다.
④ 비계매기에 대한 품 또는 고소작업차 기계경비는 별도 계상한다.
~~⑤ 외벽의 높이에 따라 다음 할증률에 의한 품을 가산할 수 있으며 19층 이상인 경우 매 3층마다 4%씩 가산할 수 있다.~~

구분 \ 층	1~3층	4~6층	7~9층	10~12층	13~15층	16~18층
할증률(%)	0	5	8	12	16	20

개 정(안)

10-3-2 커튼월유리 설치

(㎡당)

구 분	단 위	수 량 12㎜이하	16㎜이하	18㎜이하	22㎜이하	24㎜이하	28㎜이하
유 리 공	인	현행과 동일					
보 통 인 부	인						

[주] ① 본 품은 커튼월 프레임에 구조용실란트를 사용하여 복층유리를 부착하는 기준이다.
② 본 품은 노튼테이프 설치, 유리 붙이기, 구조실란트 및 방수실링재 도포, 유리닦기 및 마무리 작업을 포함한다.
③ 비계매기 또는 고소작업차 비용은 필요시 별도 계상한다.
④ 특수창호 및 특수유리(접합유리, 3중유리 등)인 경우에는 별도 계상한다.
⑤ 외벽의 높이에 따른 할증은 '[공통부문]1-4-5 위험'을 따른다.

구분	현 행	개 정(안)	비고
- 보완	10-4 커튼월	10-1 창호	

현 행

10-4 커튼월

10-4-1 알루미늄 프레임 설치

(10kg당)

구 분	단 위	수 량	
		현장가공	공장가공
창 호 공	인	0.23	0.20
보 통 인 부	인	0.08	0.07

[주] ① 본 품은 스틱월방식 커튼월의 알루미늄 프레임을 조립해서 설치하는 기준이다.
② 현장가공은 현장 가공장에서 프레임을 가공, 제작하여 설치하는 기준이다.
③ 공장가공은 공장에서 가공, 제작한 프레임을 반입하여 조립하는 기준이다.
④ 본 품은 먹매김, 앵커설치, 프레임 제작 및 조립, 커튼월 설치를 포함한다.
⑤ 비계매기 또는 고소작업차 비용은 필요시 별도 계상한다.
⑥ 공구손료 및 경장비(절단기, 전동드릴 등)의 기계경비는 3%로 계상한다.
⑦ ~~외벽의 높이에 따라 다음 할증률에 의한 품을 가산할 수 있으며 19층 이상인 경우 매 3층마다 4%씩 가산할 수 있다.~~

구분 \ 층	1~3층	4~6층	7~9층	10~12층	13~15층	16~18층
할증률(%)	0	5	8	12	16	20

개 정(안)

10-1 창호

10-1-8 커튼월 프레임 설치

(일당)

구 분	단 위	수 량	시공량(kg)	
			현장가공	공장가공
창 호 공	인	3	130	150
보 통 인 부	인	1		

[주] ① 본 품은 커튼월의 알루미늄 프레임을 스틱월방식으로 조립해서 설치하는 기준이다.
② 현장가공은 현장에서 프레임(BAR)을 제작하여 설치하는 기준이다.
③ 공장가공은 공장에서 제작된 프레임(BAR)을 반입하여 조립하는 기준이다.
④ **본 품은 먹매김, 구멍뚫기 및 앵커철물 설치, 브라켓 조립 및 프레임 설치 작업을 포함한다.**
⑤ **비계매기 또는 고소작업차 비용은 필요시 별도 계상한다.**
⑥ 외벽의 높이에 따른 할증은 '[공통부문]1-4-5 위험'을 따른다.
⑦ **공구손료 및 경장비(절단기, 전동드릴 등)의 기계경비는 3%로 계상한다.**

구분	현 행	개 정(안)	비고

- 보완

[현행]

제10장 창호 및 유리공사 10-4 커튼월

10-4-2 외벽 패널 설치('14, '20년 보완)

(10㎡당)

구 분	단 위	수 량			
		트러스 설치		패널 설치	
		벽	천장 및 지붕	벽	천장 및 지붕
용 접 공	인	1.30	1.56	-	-
철 공	인	0.72	0.86	0.39	0.47
보 통 인 부	인	-	-	0.24	0.29

[주] ① 본 품은 강재(각관) 트러스 및 AL 패널 설치 기준이다.
② 본 품은 앵커철물 설치, 트러스 절단 및 설치, 패널 설치, 마무리작업이 포함된 것이다.
③ 단열재를 설치하는 경우 '[건축부문] 5-4 단열'를 따른다.
④ 비계매기 또는 고소작업차 비용은 필요시 별도 계상한다.
⑤ 공구손료 및 경장비(절단기, 용접기 등)의 기계경비는 인력품의 3%로 계상한다.
⑥ ~~외벽의 높이에 따라 다음 할증률에 의한 품을 가산할 수 있으며 19층 이상인 경우 매 3층마다 4%씩 가산할 수 있다.~~

층 / 구분	1~3층	4~6층	7~9층	10~12층	13~15층	16~18층
할증률(%)	0	5	8	12	16	20

[개정(안)]

제8장 금속공사 8-2 시설물

8-2-6 금속패널 설치

(일당)

구 분		단 위	수 량	시공량(㎡)	
				벽	천장 및 지붕
하지철물 설치	용 접 공	인	2	23	20
	철 공	인	3		
패널 설치	철 공	인	3	65	55
	보 통 인 부	인	1		

[주] ① 본 품은 구조물에 하지철물(각관, 앵글 등) 및 알루미늄 패널을 설치하는 기준이다.
② 본 품은 구멍뚫기 및 앵커 설치, 하지철물 절단 및 설치, 패널 절단 및 설치, 마무리 작업을 포함한다.
③ 단열재를 설치하는 경우 '[건축부문] 5-4 단열'을 따른다.
④ 비계매기 또는 고소작업차 비용은 필요 시 별도 계상한다.
⑤ 외벽의 높이에 따른 할증은 '[공통부문]1-4-5 위험'을 따른다.
⑥ 공구손료 및 경장비(절단기, 용접기 등)의 기계경비는 인력품의 3%로 계상한다.

- 적정검토

[현행]

10-4-3 코킹('14년 신설, '20년 보완)

(10m당)

구 분	단 위	수 량
코 킹 공	인	0.15
보 통 인 부	인	0.07

[주] ① 본 품은 외벽 패널의 줄눈 및 수밀코킹 기준이다.
② 본 품은 백업재 채움, 마스킹테이프 붙임, 코킹, 보양재 제거 및 마무리 작업을 포함한다.
③ 비계매기 또는 고소작업차 비용은 필요시 별도 계상한다.
④ ~~외벽의 높이에 따라 다음 할증률에 의한 품을 가산할 수 있으며 19층 이상인 경우 매 3층마다 4%씩 가산할 수 있다.~~

층 / 구분	1~3층	4~6층	7~9층	10~12층	13~15층	16~18층
할증률(%)	0	5	8	12	16	20

[개정(안)]

8-2-7 금속패널 코킹

(10m당)

구 분	단 위	수 량
코 킹 공	인	현행과 동일
보 통 인 부	인	

[주] ① 본 품은 금속패널에 줄눈을 설치하는 기준이다.
② 본 품은 마스킹테이핑 설치 및 제거, 백업재 채움, 줄눈 코킹 작업을 포함한다.
③ 비계매기 또는 고소작업차 비용은 필요 시 별도 계상한다.
④ 외벽의 높이에 따른 할증은 '[공통부문]1-4-5 위험'을 따른다.

- [기계설비] 제6장 측정기기공사 -

구분	현 행	개 정(안)	비고
- 보완	6-1 유량계 / 6-1-1 직독식 설치('92, '11, '14, '19년 보완)	6-1 유량계 / 6-1-1 유량계(직독식) 설치	
- 보완	6-1-2 원격식 설치('14, '19년 보완)	6-1-2 유량계(원격식) 설치	

현 행

6-1 유량계

6-1-1 직독식 설치('92, '11, '14, '19년 보완)

(개당)

구 분		단위	수 량 (규격 mm)					
			ø13~15	ø20~32	ø40~50	ø65~80	ø100~150	ø200~300
보호통	배 관 공	인	0.148	0.188	0.253	-	-	-
	보통인부	인	0.148	0.188	0.253	-	-	-
유량계	배 관 공	인	0.094	0.113	0.143	0.446	0.533	0.838
	보통인부	인	0.094	0.113	0.143	0.446	0.533	0.838
비고		- 건축물내의 유량계 설치위치·형태가 개소별로 상이하거나 연속작업이 불가능한 경우는 본 품의 20%를 가산한다. - 동일장소에서 수도미터, 온수미터를 병행 설치시에는 단독 설치품에 30%를 가산한다.						

[주] ① 본 품은 수도미터(급수용), 온수미터(급탕용, 난방용)의 옥내배관 설치 기준이다.
② 가배관 철거, 유량계설치, 작동시험 및 마무리 작업을 포함한다.
③ 공구손료 및 경장비의 기계경비는 인력품의 1%로 계상한다.

6-1-2 원격식 설치('14, '19년 보완)

(개당)

구 분	단 위	수 량 (규격)	
		ø13~15mm	ø20~32mm
배 관 공	인	0.112	0.132
보 통 인 부	인	0.112	0.132

[주] ① 본 품은 원격식 냉수용 수도미터, 원격식 온수미터의 옥내배관 설치 기준이다.
② 가배관 철거, 유량계 설치, 전선관 결선, 시험·점검을 포함한다.
③ 밸브, 스트레이너 및 주위배관 설치는 별도 계상한다.
④ 전선관 배관 및 입선, 지시부 설치는 별도 계상한다.
⑤ 공구손료 및 경장비의 기계경비는 인력품의 1%로 계상한다.

개 정(안)

6-1 유량계

6-1-1 유량계(직독식) 설치

(개당)

규격(mm)	보호통		유량계	
	배관공(인)	보통인부(인)	배관공(인)	보통인부(인)
ø13~15 20~32 40~50	현행과 동일		현행과 동일	
65~80	-	-	0.446	0.446
100~125	-	-	0.533	0.533
150~200	-	-	0.686	0.686
250~300	-	-	0.838	0.838
비고	- 건축물내의 유량계 설치위치·형태가 개소별로 상이하거나 연속작업이 불가능한 경우는 본 품의 20%를 가산한다. - 동일장소에서 수도미터, 온수미터를 병행 설치시에는 단독 설치품에 30%를 가산한다.			

[주] ① 본 품은 수도미터(급수용), 온수미터(급탕용, 난방용)의 옥내배관 설치 기준이다.
② 가배관 철거, 유량계설치, 작동시험 및 마무리 작업을 포함한다.
③ 공구손료 및 경장비의 기계경비는 인력품의 2%로 계상한다.

6-1-2 유량계(원격식) 설치

(개당)

구 분	단 위	수 량 (규격)	
		ø13~15mm	ø20~32mm
배 관 공	인	현행과 동일	
보 통 인 부	인		

[주] ① 본 품은 원격식 냉수용 수도미터, 원격식 온수미터의 옥내배관 설치 기준이다.
② 가배관 철거, 유량계 설치, 전선관 결선, 시험·점검을 포함한다.
③ 밸브, 스트레이너 및 주위배관 설치는 별도 계상한다.
④ 전선관 배관 및 입선, 지시부 설치는 별도 계상한다.
⑤ 공구손료 및 경장비의 기계경비는 인력품의 2%로 계상한다.

구분	현 행	개 정(안)	비고

- 신설

현 행

- 항목 신설 -

개 정(안)

6-1-3 세대용 계량기함 설치

(개소당)

구 분	단위	수 량
배 관 공	인	0.086
보 통 인 부	인	0.086

[주] ① 본 품은 유량계(ø32mm이하) 보호를 위한 거치대 계량기함(2단이하)의 설치 기준이다.
② 본 품은 앵커 구멍뚫기, 지지대 및 보호통 설치 작업을 포함한다.
③ 연결배관 및 밸브, 계량기 설치 작업은 별도 계상한다.
④ 공구손료 및 경장비의 기계경비(드릴 등)는 인력품의 2%로 계상한다.

- 보완

현 행

6-2 적산열량계

6-2-1 세대용 설치('03, '04, '14년 보완)

(개당)

구 분	단 위	수 량 (규격)	
		ø13~15mm	ø20~32mm
배 관 공	인	0.122	0.142
보 통 인 부	인	0.122	0.142

[주] ① 본 품은 적산열량계의 옥내배관 설치 기준이다.
② 가배관 철거, 적산열량계 및 감온부 설치, 전선관 결선, 시험·점검을 포함한다.
③ 밸브, 스트레이너 및 주위배관 설치 품은 별도 계상한다.
④ 전선관 배관 및 입선, 지시부 설치는 별도 계상한다.
⑤ 공구손료 및 경장비의 기계경비는 인력품의 1로 계상한다.

개 정(안)

6-2 적산열량계

6-2-1 세대용 적산열량계 설치

(개당)

구 분	단 위	수 량 (규격 mm)	
		ø13~15	ø20~32
배 관 공	인	현행과 동일	
보 통 인 부	인		

[주] ① 본 품은 세대 옥내배관에 적산열량계를 설치하는 기준이다.
② 본 품은 가배관 철거, 적산열량계 및 감온부 설치, 전선관 결선, 시험·점검을 포함한다.
③ 밸브, 스트레이너 및 주위배관 설치 품은 별도 계상한다.
④ 전선관 배관 및 입선, 지시부 설치는 별도 계상한다.
⑤ 공구손료 및 경장비의 기계경비는 인력품의 2%로 계상한다.

구분	현행	개정(안)	비고
- 보완	6-2-2 건물용 설치('14, '19년 보완)	6-2-2 건물용 적산열량계 설치	

현행

6-2-2 건물용 설치('14, '19년 보완)

(개당)

구 분	단 위	수 량 (규격)				
		ø50mm	ø65mm	ø80mm	ø125mm	ø150mm
배 관 공	인	0.424	0.478	0.489	0.521	0.634
보 통 인 부	인	0.424	0.478	0.489	0.521	0.634

[주] ① 본 품은 가배관을 철거하고, 건물입구(지하층 또는 기계실)에 적산열량계를 설치하는 기준이다.
② 배관세정작업, 적산열량계 및 온도감지기 설치, 전선관 결선, 시험·점검을 포함한다.
③ 밸브, 스트레이너 및 연결배관 조립 품은 별도 계상한다.
④ 전선관 배관 및 입선, 지시부 설치는 별도 계상한다.
⑤ 공구손료 및 경장비의 기계경비는 인력품의 1%로 계상한다.

개정(안)

6-2-2 건물용 적산열량계 설치

(개당)

구 분	단 위	수 량 (규격 mm)			
		ø50	ø65~80	ø100~125	ø150
배 관 공	인	0.415	0.476	0.569	0.727
보 통 인 부	인	0.415	0.476	0.569	0.727

[주] ① 본 품은 옥내배관에 적산열량계를 설치하는 기준이다.
② 본 품은 가배관 철거, 적산열량계 및 온도감지기 설치, 배선 결선, 시험·점검 작업을 포함한다.
③ 밸브, 스트레이너 및 주위배관 설치 품은 별도 계상한다.
④ 전선관 배관 및 입선, 지시부 설치는 별도 계상한다.
⑤ 공구손료 및 경장비의 기계경비는 인력품의 2%로 계상한다.

구분	현행	개정(안)	비고
- 보완	6-2-3 산업용 설치('19년 보완)	6-2-3 산업용 적산열량계 설치	

현행

6-2-3 산업용 설치('19년 보완)

(대당)

구 분	단 위	수 량 (규격)			
		ø32mm	ø50mm	ø100mm	ø150mm
플랜트배관공	인	0.71	0.75	0.85	0.95
특 별 인 부	인	0.71	0.75	0.85	0.95
계 장 공	인	0.71	0.75	0.85	0.95

[주] ① 본 품은 가배관을 철거하고, ~~지역난방공사와 같이~~ 산업용으로 적산열량계를 설치하는 기준이다
② 배관세정작업, 유량계, 온도감지기, 열량지시계, 단자함 설치, 전기배선 및 결선, 시험을 포함한다.
③ 전선관, 밸브, 스트레이너 설치품은 별도 계상한다.
④ 열량지시계는 노출기준이며 매립 시는 별도 계상한다.
⑤ 공구손료 및 경장비의 기계경비는 인력품의 1%로 계상한다.

개정(안)

6-2-3 산업용 적산열량계 설치

(대당)

구 분	단 위	수 량 (규격 mm)			
		ø32	ø50	ø100	ø150
플랜트배관공	인	현행과 동일			
특 별 인 부	인				
계 장 공	인				

[주] ① 본 품은 발전소 등 집단에너지의 생산·수송·분배 또는 사용을 위한 시설에 산업용으로 적산열량계를 설치하는 기준이다
② 본 품은 가배관 철거, 배관세정작업, 유량계, 온도감지기, 열량지시계, 단자함 설치, 전기배선 및 결선, 시험을 포함한다.
③ 전선관, 밸브, 스트레이너 설치품은 별도 계상한다.
④ 열량지시계는 노출기준이며 매립 시는 별도 계상한다.
⑤ 공구손료 및 경장비의 기계경비는 인력품의 2%로 계상한다.

– [기계설비] 제7장 위생기구설비공사 –

구분	현 행	개 정(안)	비고
- 보완	7-1 위생기구류 / 7-1-1 소변기 설치('14, '22년 보완)	7-1 위생기구류 / 7-1-1 소변기 설치	
- 보완	7-1-2 대변기 설치('14년 보완)	7-1-2 대변기 설치	

현 행

7-1 위생기구류

7-1-1 소변기 설치('14, '22년 보완)

(개당)

구 분	단 위	F.V형 소변기		전자감응기 일체형 소변기		전자감응기 노출형 소변기		전자감응기 벽매립형 소변기	
		거치형	벽걸이형	거치형	벽걸이형	거치형	벽걸이형	거치형	벽걸이형
위 생 공	인	0.747	0.784	0.796	0.835	0.907	0.952	0.934	0.980
보통인부	인	0.241	0.253	0.241	0.253	0.241	0.253	0.241	0.253

[주] ① 본 품은 스톨소변기를 설치하는 기준이다.
② 본 품은 연결구 플러그 제거, 앵커 및 지지철물 설치, 플랜지 설치, 니플 및 연결관 설치, 소변기 설치, 시멘트 및 실리콘 마감, 전자감응기 설치 및 결선, 통수시험을 포함한다.
③ 전자감응기 벽매립형 설치에는 슬리브BOX 매립 작업을 포함한다.

7-1-2 대변기 설치('14년 보완)

(개당)

구 분	단 위	동양식대변기 (F.V형)	서양식대변기 (탱크형)	서양식대변기 (F.V형)
위 생 공	인	0.605	0.694	0.669
보 통 인 부	인	0.174	0.200	0.193

[주] 본 품은 연결구 플러그 제거, 플랜지 설치, 앵글밸브 및 연결관 설치, 세척밸브 설치, 양변기 및 시트 설치, 시멘트 및 실리콘 마감, 통수시험을 포함한다.

개 정(안)

7-1 위생기구류

7-1-1 소변기 설치

(개당)

구 분	단 위	F.V형 소변기		전자감응기 일체형 소변기		전자감응기 노출형 소변기		전자감응기 벽매립형 소변기	
		거치형	벽걸이형	거치형	벽걸이형	거치형	벽걸이형	거치형	벽걸이형
위 생 공	인	현행과 동일							
보통인부	인								

[주] ① 본 품은 스톨소변기를 설치하는 기준이다.
② 본 품은 연결구 플러그 제거, 앵커 및 지지철물 설치, 플랜지 설치, 니플 및 연결관 설치, 소변기 설치, 시멘트 및 실리콘 마감, 전자감응기 설치 및 결선, 통수시험을 포함한다.
③ 전자감응기 벽매립형 설치에는 슬리브BOX 매립 작업을 포함한다.
④ 공구손료 및 경장비(드릴 등)의 기계경비는 인력품의 2%로 계상한다.

7-1-2 대변기 설치

(개당)

구 분	단 위	동양식대변기 (F.V형)	서양식대변기 (탱크형)	서양식대변기 (F.V형)
위 생 공	인	현행과 동일		
보 통 인 부	인			

[주] ① 본 품은 연결구 플러그 제거, 플랜지 설치, 앵글밸브 및 연결관 설치, 세척밸브 설치, 양변기 및 시트 설치, 시멘트 및 실리콘 마감, 통수시험을 포함한다.
② 공구손료 및 경장비(드릴 등)의 기계경비는 인력품의 2%로 계상한다.

<table>
<tr><th>구분</th><th>현 행</th><th>개 정(안)</th><th>비고</th></tr>
<tr><td>- 보완</td><td>

7-1-3 도기세면기 설치('14년 보완)

(개당)

<table>
<tr><th>구 분</th><th>단 위</th><th>수 량</th></tr>
<tr><td>위 생 공</td><td>인</td><td>0.275</td></tr>
<tr><td>보 통 인 부</td><td>인</td><td>0.065</td></tr>
</table>

[주] ① 본 품은 벽붙임 도기세면기를 설치하는 기준이다.
② 본 품은 앵커 설치, 세면기 설치, 폴업 및 배수구 연결, 배관커버 설치, 실리콘 마감, 통수시험을 포함한다.

</td><td>

7-1-3 도기세면기 설치

(개당)

<table>
<tr><th>구 분</th><th>단 위</th><th>수 량</th></tr>
<tr><td>위 생 공</td><td>인</td><td rowspan="2">현행과 동일</td></tr>
<tr><td>보 통 인 부</td><td>인</td></tr>
</table>

[주] ① 본 품은 벽붙임 도기세면기를 설치하는 기준이다.
② 본 품은 앵커 설치, 세면기 설치, 폽업 및 배수구 연결, 배관커버 설치, 실리콘 마감, 통수시험을 포함한다.
③ 공구손료 및 경장비(드릴 등)의 기계경비는 인력품의 2%로 계상한다.

</td><td></td></tr>
<tr><td>- 보완</td><td>

7-1-4 카운터형 세면기 설치(일체형)('14년 보완)

(세면기 개당)

<table>
<tr><th>구 분</th><th>단 위</th><th>수 량</th></tr>
<tr><td>위 생 공</td><td>인</td><td>0.240</td></tr>
<tr><td>보 통 인 부</td><td>인</td><td>0.094</td></tr>
</table>

[주] ① 본 품은 세면기와 세면대가 일체화로 반입된 카운터형 세면기를 설치하는 기준이다.
② 본 품은 앵커 및 브라켓 설치, 세면대 및 세면기 설치, 폽업 및 배수구 연결, 실리콘 마감, 통수시험을 포함한다.

</td><td>

7-1-4 카운터형 세면기 설치(일체형)

(세면기 개당)

<table>
<tr><th>구 분</th><th>단 위</th><th>수 량</th></tr>
<tr><td>위 생 공</td><td>인</td><td rowspan="2">현행과 동일</td></tr>
<tr><td>보 통 인 부</td><td>인</td></tr>
</table>

[주] ① 본 품은 세면기와 세면대가 일체화로 반입된 카운터형 세면기를 설치하는 기준이다.
② 본 품은 앵커 및 브라켓 설치, 세면대 및 세면기 설치, 폽업 및 배수구 연결, 실리콘 마감, 통수시험을 포함한다.
③ 공구손료 및 경장비(드릴 등)의 기계경비는 인력품의 2%로 계상한다.

</td><td></td></tr>
<tr><td>- 보완</td><td>

7-1-5 카운터형 세면기 설치(분리형)

(세면기 개당)

<table>
<tr><th>구 분</th><th>단 위</th><th>수 량</th></tr>
<tr><td>위 생 공</td><td>인</td><td>0.285</td></tr>
<tr><td>보 통 인 부</td><td>인</td><td>0.112</td></tr>
</table>

[주] ① 본 품은 세면기와 세면대를 분리하여 반입된 카운터형 세면기를 설치하는 기준이다.
② 본 품은 앵커 및 브라켓 설치, 세면대 및 세면기 설치, 폽업 및 배수구 연결, 실리콘 마감, 통수시험을 포함한다.

</td><td>

7-1-5 카운터형 세면기 설치(분리형)

(세면기 개당)

<table>
<tr><th>구 분</th><th>단 위</th><th>수 량</th></tr>
<tr><td>위 생 공</td><td>인</td><td rowspan="2">현행과 동일</td></tr>
<tr><td>보 통 인 부</td><td>인</td></tr>
</table>

[주] ① 본 품은 세면기와 세면대를 분리하여 반입된 카운터형 세면기를 설치하는 기준이다.
② 본 품은 앵커 및 브라켓 설치, 세면대 및 세면기 설치, 폽업 및 배수구 연결, 실리콘 마감, 통수시험을 포함한다.
③ 공구손료 및 경장비(드릴 등)의 기계경비는 인력품의 2%로 계상한다.

</td><td></td></tr>
</table>

구분	현 행	개 정(안)	비고
- 보완	7-1-6 욕조 설치('14년 보완)	7-1-6 욕조 설치	
- 보완	7-1-7 청소용 수채 설치('14년 신설)	7-1-7 청소용 수채 설치	

- 보완

현행

7-1-6 욕조 설치('14년 보완)

(개당)

구 분	단 위	수 량
위 생 공	인	0.634
보 통 인 부	인	0.203

[주] ① 본 품은 욕조(월풀욕조 제외)를 설치하는 기준이다.
② 본 품은 지지대 설치, 배수구연결, 몰탈충전, 욕조설치, 에이프런설치, 코킹작업, 보양재 제거, 통수시험을 포함한다.

개정(안)

7-1-6 욕조 설치

(개당)

구 분	단 위	수 량
위 생 공	인	현행과 동일
보 통 인 부	인	

[주] ① 본 품은 욕조(월풀욕조 제외)를 설치하는 기준이다.
② 본 품은 지지대 설치, 배수구연결, 몰탈충전, 욕조설치, 에이프런설치, 코킹작업, 보양재 제거, 통수시험을 포함한다.
③ 공구손료 및 경장비(드릴 등)의 기계경비는 인력품의 2%로 계상한다.

- 보완

현행

7-1-7 청소용 수채 설치('14년 신설)

(개당)

구 분	단 위	수 량
위 생 공	인	0.250
보 통 인 부	인	0.096

[주] 본 품은 앵커설치, 배수구 연결, 수채 설치, 실리콘 마감, 통수시험을 포함한다.

개정(안)

7-1-7 청소용 수채 설치

(개당)

구 분	단 위	수 량
위 생 공	인	현행과 동일
보 통 인 부	인	

[주] ① 본 품은 앵커설치, 배수구 연결, 수채 설치, 실리콘 마감, 통수시험을 포함한다.
② 공구손료 및 경장비(드릴 등)의 기계경비는 인력품의 2%로 계상한다.

구분	현 행	개 정(안)	비고
- 보완	7-2-1 매립형 욕조수전 설치('14년 보완)	7-2-1 매립형 욕조수전 설치	
- 보완	7-2-2 샤워수전 설치('14, '22년 보완)	7-2-2 샤워수전 설치	

현 행

7-2 수전

7-2-1 매립형 욕조수전 설치('14년 보완)

(개당)

구 분	단 위	수량
위 생 공	인	1.000
보 통 인 부	인	0.200

[주] ① 본 품은 연결구 플러그 제거, 니플조정, 씰테이프감기, 관자금 설치, 천공 및 목심설치, 호스 및 헤드 연결, 기능시험을 포함한다.
② 욕조혼합수전(매립형)의 품은 매립 배관품이 포함되어 있다.

7-2-2 샤워수전 설치('14, '22년 보완)

(개당)

구 분	단 위	노출형	선반형
위 생 공	인	0.090	0.093
보 통 인 부	인	0.018	0.019

비 고: - 샤워헤드걸이를 설치는 다음을 적용하여 가산한다.

(개당)

구 분	단 위	고정식	높이조절식
위 생 공	인	0.071	0.099

[주] ① 본 품은 벽붙임 혼합수전을 설치하는 기준이다.
② 본 품은 연결구 플러그 제거, 관이음부속류 설치, 수전 및 샤워헤드 설치, 관자금 설치, 기능시험을 포함한다.

개 정(안)

7-2 수전

7-2-1 매립형 욕조수전 설치

(개당)

구 분	단 위	수량
위 생 공	인	현행과 동일
보 통 인 부	인	

[주] ① 본 품은 연결구 플러그 제거, 니플조정, 씰테이프감기, 관자금 설치, 천공 및 목심설치, 호스 및 헤드 연결, 기능시험을 포함한다.
② 욕조혼합수전(매립형)의 품은 매립 배관품이 포함되어 있다.
③ 공구손료 및 경장비의 기계경비는 인력품의 2%로 계상한다.

7-2-2 샤워수전 설치

(개당)

구 분	단 위	노출형	선반형
위 생 공	인	현행과 동일	
보 통 인 부	인		

비 고: - 샤워헤드걸이를 설치는 다음을 적용하여 가산한다.

(개당)

구 분	단 위	고정식	높이조절식
위 생 공	인	현행과 동일	

[주] ① 본 품은 벽붙임 혼합수전을 설치하는 기준이다.
② 본 품은 연결구 플러그 제거, 관이음부속류 설치, 수전 및 샤워헤드 설치, 관자금 설치, 기능시험을 포함한다.
③ 공구손료 및 경장비의 기계경비는 인력품의 2%로 계상한다.

구분	현 행	개 정(안)	비고

- 보완

현행

7-2-3 세면기수전 설치('14년 보완)

(개당)

구 분	단 위	수 량
위 생 공	인	0.139
보 통 인 부	인	0.028
비 고	- 냉수 또는 온수만 전용으로 하는 수전은 30% 감하여 적용한다	

[주] ① 본 품은 세면기에 대붙임 혼합수전을 설치하는 기준이다.
② 본 품은 연결구 플러그 제거, 관이음부속류 설치, 연결관 설치, 수전 설치, 관자금 설치, 기능시험을 포함한다.

개정(안)

7-2-3 세면기수전 설치

(개당)

구 분	단 위	수 량
위 생 공	인	현행과 동일
보 통 인 부	인	
비 고	- 냉수 또는 온수만 전용으로 하는 수전은 30% 감하여 적용한다	

[주] ① 본 품은 세면기에 대붙임 혼합수전을 설치하는 기준이다.
② 본 품은 연결구 플러그 제거, 관이음부속류 설치, 연결관 설치, 수전 설치, 관자금 설치, 기능시험을 포함한다.
③ 공구손료 및 경장비의 기계경비는 인력품의 2%로 계상한다.

- 보완

현행

7-2-4 씽크수전 설치('14년 보완)

(개당)

구 분	단 위	수 량
위 생 공	인	0.164
보 통 인 부	인	0.033

[주] ① 본 품은 씽크대에 대붙임 혼합수전을 설치하는 기준이다.
② 본 품은 연결구 플러그 제거, 관이음부속류 설치, 연결관 설치, 수전 설치, 하부보강판 및 패킹 설치, 관자금 설치, 기능시험을 포함한다.

개정(안)

7-2-4 씽크수전 설치

(개당)

구 분	단 위	수 량
위 생 공	인	현행과 동일
보 통 인 부	인	

[주] ① 본 품은 씽크대에 대붙임 혼합수전을 설치하는 기준이다.
② 본 품은 연결구 플러그 제거, 관이음부속류 설치, 연결관 설치, 수전 설치, 하부보강판 및 패킹 설치, 관자금 설치, 기능시험을 포함한다.
③ 공구손료 및 경장비의 기계경비는 인력품의 2%로 계상한다.

- 보완

현행

7-2-5 손빨래수전 설치('14년 보완)

(개당)

구 분	단 위	수 량
위 생 공	인	0.087
보 통 인 부	인	0.017
비 고	- 냉수 또는 온수만 전용으로 하는 수전은 30% 감하여 적용한다	

[주] ① 본 품은 발코니 등 벽붙임 혼합수전을 설치하는 기준이다.
② 본 품은 연결구 플러그 제거, 관이음부속류 설치, 수전 설치, 관자금 설치, 기능시험을 포함한다.

개정(안)

7-2-5 손빨래수전 설치

(개당)

구 분	단 위	수 량
위 생 공	인	현행과 동일
보 통 인 부	인	
비 고	- 냉수 또는 온수만 전용으로 하는 수전은 30% 감하여 적용한다	

[주] ① 본 품은 발코니 등 벽붙임 혼합수전을 설치하는 기준이다.
② 본 품은 연결구 플러그 제거, 관이음부속류 설치, 수전 설치, 관자금 설치, 기능시험을 포함한다.
③ 공구손료 및 경장비의 기계경비는 인력품의 2%로 계상한다.

구분	현 행	개 정(안)	비고

- 보완

현 행

7-3 욕실 부착물

7-3-1 욕실거울 설치('22년 보완)

(개당)

구 분	단 위	개당 면적(㎡)		
		0.5미만	1.0미만	1.5미만
위 생 공	인	0.180	0.218	0.277
보 통 인 부	인	0.028	0.034	0.044

[주] ① 본 품은 욕실 벽면에 거울을 설치하는 기준이다.
② 본 품은 구멍뚫기, 지지철물 설치, 거울 설치, 실리콘 코킹을 포함한다.

개 정(안)

7-3 욕실 부착물

7-3-1 욕실거울 설치

(개당)

구 분	단 위	개당 면적(㎡)		
		0.5미만	1.0미만	1.5미만
위 생 공	인	현행과 동일		
보 통 인 부	인			

[주] ① 본 품은 욕실 벽면에 거울을 설치하는 기준이다.
② 본 품은 구멍뚫기, 지지철물 설치, 거울 설치, 실리콘 코킹을 포함한다.
③ 공구손료 및 경장비(드릴 등)의 기계경비는 인력품의 2%로 계상한다.

- 보완

현 행

7-3-2 욕실금구류 설치('07년 신설, '14, '22년 보완)

(개당)

규 격		단 위	위생공
수 건 걸 이	B A R 형	인	0.099
	환 형	인	0.071
휴 지 걸 이 / 페 이 퍼 타 올 기	노 출 형	인	0.071
	매 립 형	인	0.150
비 누 대 · 컵 대		인	0.071
옷 걸 이		인	0.071
손 건 조 기		인	0.108

[주] ① 본 품은 욕실 벽면에 볼트로 고정하는 금구류 기준이다.
② 본 품은 구멍뚫기, 칼블록 설치, 금구류 설치를 포함한다.
③ 휴지걸이 매립형 설치에는 슬리브BOX 매립 작업을 포함한다.

개 정(안)

7-3-2 욕실금구류 설치

(개당)

규 격		단 위	위생공
수 건 걸 이	B A R 형	인	현행과 동일
	환 형	인	
휴 지 걸 이 / 페 이 퍼 타 올 기	노 출 형	인	
	매 립 형	인	
비 누 대 · 컵 대		인	
옷 걸 이		인	
손 건 조 기		인	

[주] ① 본 품은 욕실 벽면에 볼트로 고정하는 금구류 기준이다.
② 본 품은 구멍뚫기, 칼블록 설치, 금구류 설치를 포함한다.
③ 휴지걸이 매립형 설치에는 슬리브BOX 매립 작업을 포함한다.
④ 공구손료 및 경장비(드릴 등)의 기계경비는 인력품의 2%로 계상한다.

구분	현 행	개 정(안)	비고

구분: – 보완

현 행

7-3-3 바닥배수구 설치('93년 신설, '07, '14년 보완)

(개소당)

구 분	단 위	규 격		
		ø 50㎜	ø 75㎜	ø 100㎜
배 관 공	인	0.115	0.151	0.164
보 통 인 부	인	0.039	0.051	0.055

[주] ① 본 품은 옥내 바닥배수구를 설치하는 기준이다.
② 본 품은 성형슬래브 매립, 트랩 설치, 바닥배수구 설치, 통수시험을 포함한다.

개 정(안)

7-3-3 바닥배수구 설치

(개소당)

구 분	단 위	규 격		
		ø 50㎜	ø 75㎜	ø 100㎜
배 관 공	인	현행과 동일		
보 통 인 부	인			

[주] ① 본 품은 옥내 바닥배수구를 설치하는 기준이다.
② 본 품은 성형슬래브 매립, 트랩 설치, 바닥배수구 설치, 통수시험을 포함한다.
③ 공구손료 및 경장비의 기계경비는 인력품의 2%로 계상한다.

구분: – 보완

현 행

7-3-4 안전손잡이 설치

(개당)

구 분	단 위	고정단 2개	고정단 3개	고정단 4개	고정단 6개
위 생 공	인	0.100	0.110	0.120	0.130
보 통 인 부	인	0.011	0.012	0.013	0.014

[주] ① 본 품은 욕실, 화장실 등 볼트로 고정하는 안전손잡이(일자형, L자형, T자형, 소변기용, 세면기용)를 설치하는 기준이다.
② 본 품은 구멍뚫기, 칼블록 설치, 금구류 설치를 포함한다.

개 정(안)

7-3-4 안전손잡이 설치

(개당)

구 분	단 위	고정단 2개	고정단 3개	고정단 4개	고정단 6개
위 생 공	인	현행과 동일			
보 통 인 부	인				

[주] ① 본 품은 욕실, 화장실 등 볼트로 고정하는 안전손잡이(일자형, L자형, T자형, 소변기용, 세면기용) 설치 기준이다.
② 본 품은 구멍뚫기, 칼블록 설치, 금구류 설치를 포함한다.
③ 공구손료 및 경장비(드릴 등)의 기계경비는 인력품의 2%로 계상한다.

구분: – 신설

현 행

– 항목 신설 –

개 정(안)

7-3-5 벽부착형 거치대 설치

(개당)

구 분	단 위	욕실접이식의자	영유아용의자	기저귀교환대
위 생 공	인	0.100	0.113	0.120
보 통 인 부	인	0.011	0.013	0.013

[주] ① 본 품은 욕실 및 화장실 등 벽에 볼트로 고정하는 거치대 설치 기준이다.
② 본 품은 구멍뚫기, 칼블록 설치, 거치대 조립 및 설치를 포함한다.
③ 공구손료 및 경장비(드릴 등)의 기계경비는 인력품의 2%로 계상한다.

- [기계설비] 제13장 플랜트설비공사 -

구분	현 행	개 정(안)	비고
- 적정검토	**13-1-7 장거리 배관('93년 보완)** [주] ① **본 품은 직관길이 12m를 기준한 것이며(수중, 터널내 등) 이형관 및 곡관 부설은** 별도 계상할 수 있다.	**13-1-7 장거리 배관** [주] ① **본 품은 직관길이 12m를 기준한 것이며(수중, 터널내 등) 이형관 및 곡관 부설은** 별도 계상한다.	
	13-1-8 이중보온관 설치 2. 이중보온관 용접 [주] ⑧ **타 공사와 병행작업시에 본 품에 20%까지** 계상할 수 있다.	**13-1-8 이중보온관 설치** 2. 이중보온관 용접 [주] ⑧ **타 공사와 병행작업**시는 상기 본 품에 20% 범위 내에서 가산하여 계상한다.	

- [유지관리] 제1장 공통 -

구분	현 행	개 정(안)	비고
- 보완	1-2-2 일반전정('14, '19, '22년 보완) (see tables below)	1-2-2 일반전정 (see tables below)	

현 행

1-2-2 일반전정('14, '19, '22년 보완)

(일당)

구 분			규 격	단위	수량	시공량 (주) 흉고직경 11cm 미만	11~21cm 미만	21~31cm 미만	31~41cm 미만	41~51cm 미만	51~61cm 미만	61cm 초과
인력시공	낙엽수	조 경 공		인	2	36	22	13	-	-	-	-
		보 통 인 부		인	1							
	상록수	조 경 공		인	2	42	24	15	-	-	-	-
		보 통 인 부		인	1							
기계시공	낙엽수	조 경 공		인	2	-	48	31	18	13	8	6
		보 통 인 부		인	1							
		고소작업차	~~3ton~~	대	1							
	상록수	조 경 공		인	2	-	56	35	22	15	10	7
		보 통 인 부		인	1							
		고소작업차	~~3ton~~	대	1							

[주] ① 본 품은 일반 공원 및 녹지대 등에서 수목의 정상적인 생육장애요인의 제거 및 외관적인 수형을 다듬기 위해 수행하는 전정작업 기준이다.
② 본 품은 작업준비, 전정, 뒷정리 작업을 포함한다.
③ 전정 후 외부 운반 및 폐기물처리비는 별도 계상한다.
④ 고소작업차 규격은 작업여건(위치, 높이 등)에 따라 변경할 수 있다.
⑤ 공구손료 및 경장비(전정기 등)의 기계경비는 인력품의 3%로 계상한다.

개 정(안)

1-2-2 일반전정

(일당)

구 분			단위	수량	시공량 (주) 흉고직경 11cm 미만	11~21cm 미만	21~31cm 미만	31~41cm 미만	41~51cm 미만	51~61cm 미만	61cm 초과
인력시공	낙엽수	조 경 공	인	현행과 동일							
		보 통 인 부	인								
	상록수	조 경 공	인								
		보 통 인 부	인								
기계시공	낙엽수	조 경 공	인								
		보 통 인 부	인								
		고소작업차	대								
	상록수	조 경 공	인								
		보 통 인 부	인								
		고소작업차	대								

[주] ① 본 품은 일반 공원 및 녹지대 등에서 수목의 정상적인 생육장애요인의 제거 및 외관적인 수형을 다듬기 위해 수행하는 전정작업 기준이다.
② 본 품은 작업준비, 전정, 뒷정리 작업을 포함한다.
③ 상차 및 외부 운반 작업, 폐기물처리비는 별도 계상한다.
④ 장비(고소작업차)의 규격은 작업여건(시공높이, 시공위치 등) 및 안전율(적정하중, 작업반경 등)을 고려하여 적합한 규격을 적용한다.
⑤ 공구손료 및 경장비(전정기 등)의 기계경비는 인력품의 3%로 계상한다.

구분	현 행	개 정(안)	비고
- 보완	1-2-3 조형전정('22년 신설)	1-2-3 조형전정	

현 행

1-2-3 조형전정('22년 신설)

(일당)

구 분			규 격	단위	수량	시공량 (주) 흉고직경 11cm 미만	11~21cm 미만	21~31cm 미만	31~41cm 미만	41~51cm 미만	51~61cm 미만	61cm 초과
인력 시공	낙엽수	조 경 공		인	2	23	14	8				
		보 통 인 부		인	1							
	상록수	조 경 공		인	2	27	16	10				
		보 통 인 부		인	1							
기계 시공	낙엽수	조 경 공		인	2							
		보 통 인 부		인	1	-	31	20	12	8	5	4
		고소작업차	3ton	대	1							
	상록수	조 경 공		인	2							
		보 통 인 부		인	1	-	36	23	14	10	7	5
		고소작업차	3ton	대	1							

[주] ① 본 품은 일반 공원 및 녹지대 등에서 조형적인 수형을 형성하기 위해 정상적인 생육장애요인의 제거와 미적요소(구형, 반구형 등)를 고려하여 전정가위 등으로 수형을 다듬는 전정작업 기준이다.
② 본 품은 작업준비, 전정, 뒷정리 작업을 포함한다.
③ 특수관리가 필요한 수목(문화재보호수 등), 특수 조형물 형상(예술작품 등) 전정 등은 별도 계상한다.
④ 전정 후 외부 운반 및 폐기물처리비는 별도 계상한다.
⑤ 고소작업차 규격은 작업여건(위치, 높이 등)에 따라 변경할 수 있다.
⑥ 공구손료 및 경장비(전정기 등)의 기계경비는 인력품의 2%로 계상한다.

개 정(안)

1-2-3 조형전정

(일당)

구 분			단위	수량	시공량 (주) 흉고직경 11cm 미만	11~21cm 미만	21~31cm 미만	31~41cm 미만	41~51cm 미만	51~61cm 미만	61cm 초과
인력 시공	낙엽수	조 경 공	인	현행과 동일							
		보 통 인 부	인								
	상록수	조 경 공	인								
		보 통 인 부	인								
기계 시공	낙엽수	조 경 공	인								
		보 통 인 부	인								
		고소작업차	대								
	상록수	조 경 공	인								
		보 통 인 부	인								
		고소작업차	대								

[주] ① 본 품은 일반 공원 및 녹지대 등에서 조형적인 수형을 형성하기 위해 정상적인 생육장애요인의 제거와 미적요소(구형, 반구형 등)를 고려하여 전정가위 등으로 수형을 다듬는 전정작업 기준이다.
② 본 품은 작업준비, 전정, 뒷정리 작업을 포함한다.
③ 특수관리가 필요한 수목(문화재보호수 등), 특수 조형물 형상(예술작품 등) 전정 등은 별도 계상한다.
④ 상차 및 외부 운반 작업, 폐기물처리비는 별도 계상한다.
⑤ 장비(고소작업차)의 규격은 작업여건(시공높이, 시공위치 등) 및 안전율(적정하중, 작업반경 등)을 고려하여 적합한 규격을 적용한다.
⑥ 공구손료 및 경장비(전정기 등)의 기계경비는 인력품의 2%로 계상한다.

구분	현 행	개 정(안)	비고
- 보완	1-2-4 가로수 전정('03년 신설, '14, '19, '22년 보완)	1-2-4 가로수 전정	

현 행

1-2-4 가로수 전정('03년 신설, '14, '19, '22년 보완)

(일당)

구 분		규 격	단 위	수 량	시공량 (주)						
					흉고직경						
					11cm 미만	11~21cm 미만	21~31cm 미만	31~41cm 미만	41~51cm 미만	51~61cm 미만	61cm 초과
약 전 정	조 경 공		인	2	31	21	16	12	10	8	7
	보 통 인 부		인	2							
	고소작업차	3ton	대	1							
강 전 정	조 경 공		인	2	19	14	10	8	7	6	5
	보 통 인 부		인	2							
	고소작업차	3ton	대	1							
조형전정	조 경 공		인	2	17	12	9	7	6	4	3
	보 통 인 부		인	2							
	고소작업차	3ton	대	1							

[주] ① 본 품은 가로수(낙엽수)를 전정하는 기준이다.
② 작업구분은 수종별, 형상별 등 필요에 따라 다음을 참고하여 적용한다.

구분	적용기준
약전정	- 수관내의 통풍이나 일조 상태의 불량에 대비하여 밀생된 부분을 솎아내거나 도장지 등을 잘라내어 수형을 다듬는 시공
강전정	- 굵은 가지 솎아내기 및 장애지 베어내기 등으로 수형을 다듬는 시공
조형전정	- 가로수의 미적인 형태를 살리기 위해 정상적인 생육장애요인의 제거와 미적요소(사각전정 등)를 고려하여 수형을 다듬는 시공

③ 본 품은 작업준비, 전정 및 전정 후 뒷정리 작업을 포함한다.
④ 전정 후 외부 운반 및 폐기물처리비는 별도 계상한다.
⑤ 고소작업차 규격은 작업여건(위치, 높이 등)에 따라 변경할 수 있다.
⑥ 공구손료 및 경장비(전정기 등)의 기계경비는 인력품의 3%로 계상한다.

개 정(안)

1-2-4 가로수 전정

(일당)

구 분		단 위	수 량	시공량 (주)						
				흉고직경						
				11cm 미만	11~21cm 미만	21~31cm 미만	31~41cm 미만	41~51cm 미만	51~61cm 미만	61cm 초과
약 전 정	조 경 공	인	현행과 동일							
	보 통 인 부	인								
	고소작업차	대								
강 전 정	조 경 공	인								
	보 통 인 부	인								
	고소작업차	대								
조형전정	조 경 공	인								
	보 통 인 부	인								
	고소작업차	대								

[주] ① 본 품은 가로수(낙엽수)를 전정하는 기준이다.
② 작업구분은 수종별, 형상별 등 필요에 따라 다음을 참고하여 적용한다.

구분	적용기준
약전정	- 수관내의 통풍이나 일조 상태의 불량에 대비하여 밀생된 부분을 솎아내거나 도장지 등을 잘라내어 수형을 다듬는 시공
강전정	- 굵은 가지 솎아내기 및 장애지 베어내기 등으로 수형을 다듬는 시공
조형전정	- 가로수의 미적인 형태를 살리기 위해 정상적인 생육장애요인의 제거와 미적요소(사각전정 등)를 고려하여 수형을 다듬는 시공

③ 본 품은 작업준비, 전정 및 전정 후 뒷정리 작업을 포함한다.
④ 상차 및 외부 운반 작업, 폐기물처리비는 별도 계상한다.
⑤ 장비(고소작업차)의 규격은 작업여건(시공높이, 시공위치 등) 및 안전율(적정하중, 작업반경 등)을 고려하여 적합한 규격을 적용한다.
⑥ 공구손료 및 경장비(전정기 등)의 기계경비는 인력품의 3%로 계상한다.

구분	현 행	개 정(안)	비고
- 적정검토	1-2-10 제초('14, '19, '22년 보완)	1-2-10 제초	

현행

1-2-10 제초('14, '19, '22년 보완)

(일당)

구 분	단 위	수 량	시공량 (㎡)	
			일반 잔디지역	지장물 지역
조 경 공	인	1	1,400	1,000
보 통 인 부	인	5		

[주] ① 본 품은 인력으로 잡초를 제거하는 기준이다.
② 지장물 지역은 정기적으로 제초작업이 진행되지 않아 대상지역 잡초의 밀도가 높거나, 지장물(초화류, 관목류 등)이 많은 지역을 의미한다.
③ 제초 및 뒷정리를 포함한다.
④ 외부 운반 및 폐기물처리비는 별도 계상한다.

개정(안)

1-2-10 제초

(일당)

구 분	단 위	수 량	시공량 (㎡)	
			일반 잔디지역	지장물 지역
조 경 공	인	현행과 동일		
보 통 인 부	인			

[주] ① 본 품은 인력으로 잡초를 제거하는 기준이다.
② 지장물 지역은 정기적으로 제초작업이 진행되지 않아 대상지역 잡초의 밀도가 높거나, 지장물(초화류, 관목류 등)이 많은 지역을 의미한다.
③ 제초 및 풀모으기, 뒷정리(청소 등)를 포함한다.
④ 상차 및 외부 운반 작업, 폐기물처리비는 별도 계상한다.

구분	현 행	개 정(안)	비고
- 보완	1-2-11 잔디깎기('14, '19, '22년 보완)	1-2-11 잔디깎기	

현행

1-2-11 잔디깎기('14, '19, '22년 보완)

(일당)

구 분		단 위	수 량	시공량 (㎡)
배 부 식	특 별 인 부	인	3	3,300
	보 통 인 부	인	1	
핸 드 가 이 드 식	특 별 인 부	인	1	4,000
	보 통 인 부	인	1	
비 고	- 잔디깎기의 연간 시공횟수를 기준으로 다음의 할증을 적용한다.			

구 분	연1회	연2회	연3회 이상
시공량 할증률	-30%	-20%	-

[주] ① 본 품은 기계를 사용하여 잔디를 연3회 이상 깎는 기준이다.
② 잔디깎기, 풀 모으기 및 적재 작업을 포함한다.
③ 외부 운반 및 폐기물처리비는 별도 계상한다.
④ 공구손료 및 경장비의 기계경비는 다음의 요율을 적용한다.

구 분	배부식 기계	핸드가이드식 기계
공구손료 및 경장비의 기계경비	인력품의 8%	인력품의 7%

개정(안)

1-2-11 잔디깎기

(일당)

구 분		단 위	수 량	시공량 (㎡)
배 부 식	특 별 인 부	인	현행과 동일	
	보 통 인 부	인		
핸 드 가 이 드 식	특 별 인 부	인		
	보 통 인 부	인		
비 고	- 보행자 보호 등 돌튐방지 조치를 위해 그물막이 필요한 경우 현장조건을 고려하여 보통인부 2인을 추가 계상한다. - 잔디깎기의 연간 시공횟수를 기준으로 다음의 할증을 적용한다.			

구 분	연1회	연2회	연3회 이상
시공량 할증률	-30%	-20%	-

[주] ① 본 품은 기계를 사용하여 잔디를 연3회 이상 깎는 기준이다.
② 잔디깎기 및 풀 모으기, 뒷정리(청소 등) 작업을 포함한다.
③ 상차 및 외부 운반 작업, 폐기물처리비는 별도 계상한다.
④ 공구손료 및 경장비의 기계경비는 다음의 요율을 적용한다.

구 분	배부식 기계	핸드가이드식 기계
공구손료 및 경장비의 기계경비	인력품의 8%	인력품의 7%

구분	현 행	개 정(안)	비고
- 보완	1-2-12 예초('13년 신설, '19, '22년 보완)	1-2-12 예초	

현 행

1-2-12 예초('13년 신설, '19, '22년 보완)

(일당)

구 분	단 위	수 량	시공량 (㎡)
특 별 인 부	인	3	2,500
보 통 인 부	인	1	
비 고	- 예초의 연간 시공횟수를 기준으로 다음의 할증을 적용한다. - 경사구간에서는 다음의 할증을 적용한다.		

구 분	연1회	연2회	연3회 이상
시공량 할증률	-30%	-20%	-

구 분	경사도 25°이상
시공량 할증률	-10%

[주] ① 본 품은 배부식기계를 사용하여 연3회 이상 풀을 깎고 제거하는 기준이다.
② 풀 모으기 및 제거는 인력에 의한 풀 모으기 및 적재작업을 기준이다.
③ 외부 운반, 폐기물처리비는 별도 계상한다.
④ 공구손료 및 경장비(예초기 등)의 기계경비는 인력품의 6%로 계상한다.

개 정(안)

1-2-12 예초

(일당)

구 분	단 위	수 량	시공량 (㎡)
특 별 인 부	인	현행과 동일	
보 통 인 부	인		
비 고	- 보행자 보호 등 돌튐방지 조치를 위해 그물막이 필요한 경우 현장조건을 고려하여 보통인부 2인을 추가 계상한다. - 예초의 연간 시공횟수를 기준으로 다음의 할증을 적용한다. - 경사구간에서는 다음의 할증을 적용한다.		

구 분	연1회	연2회	연3회 이상
시공량 할증률	-30%	-20%	-

구 분	경사도 25°이상
시공량 할증률	-10%

[주] ① 본 품은 배부식기계를 사용하여 연3회 이상 풀을 깎고 제거하는 기준이다.
② 예초 및 풀 모으기, 뒷정리(청소 등) 작업을 포함한다.
③ 상차 및 외부 운반 작업, 폐기물처리비는 별도 계상한다.
④ 공구손료 및 경장비(예초기 등)의 기계경비는 인력품의 6%로 계상한다.

- [유지관리] 제2장 토목 -

구분	현 행	개 정(안)	비고
- 보완		2-1-3 아스팔트 포장 절삭 후 아스팔트 덧씌우기(1회 절삭, 1회 포장)	유지관리 2장 토목

(일당)

구 분	규 격	단위	A-Type		B-Type		C-Type	
			수 량	시공량 (㎡)	수 량	시공량 (㎡)	수 량	시공량 (㎡)
포장공		인	4	5,000	4	3,400	4	1,800
보통인부		인	2		2		2	
노면파쇄기	2m	대	2		2		1	
로더(타이어)+소형노면파쇄기	0.95㎥	대	1		1		1	
로더(타이어)	0.57㎥	대	3		2		1	
아스팔트피니셔	3.0m	대	1		1		1	
머캐덤롤러	10~12t	대	1		1		1	
타이어롤러	8~15t	대	1		1		1	
탠덤롤러	5~8t	대	1		1		1	
아스팔트 디스트리뷰터	3,800L	대	1		1		1	
살수차	16,000ℓ	대	1		1		1	
비고	- 일당 시공량내에 회전교차로 1개소를 포함한 경우는 시공량의 17%를 감하여 적용한다.							

[주] ① 본 품은 아스팔트 포장면을 대형장비로 절삭(밀링깊이 70mm이하, 1회) 후 아스팔트로 1회 재포장하는 기준이다.
② 본 품은 아스팔트 포장 절삭, 유제살포, 포장 및 다짐을 포함한다.
③ 현장 여건별 적용기준은 다음표를 기준한다.

구 분	적 용 기 준
A Type	- 고속도로, 자동차전용도로, 평면교차로가 없는 일반도로 등과 같이 시공구간이 연결되어 있는 경우
B Type	- 평면교차로 등으로 인해 시공구간이 단절되어 일시적인 장비의 이동이 발생하되, 이동을 위한 장비의 운반이 발생되지 않는 경우
C Type	- 평면교차로 등으로 인해 시공구간이 단절되어 작업위치 이동을 위한 장비의 운반이 발생되는 경우

④ 절삭시 1㎡당 팁(날)을 0.69개 계상한다.
⑤ 작업시 공사 시방에 따라 장비 조합을 변경할 수 있다.
⑥ 본 품외의 장비(아스팔트온도조절장비, 진공청소차 등)를 추가 투입하는 경우에 기계경비는 별도 계상한다.

구분	현 행	개 정(안)	비고
- 보완		(see below)	유지관리 2장 토목

2-1-4 아스팔트 포장 절삭 후 아스팔트 덧씌우기(1회 절삭, 2회 포장)

(일당)

구 분	규 격	단위	A-Type 수 량	A-Type 시공량(㎥)	B-Type 수 량	B-Type 시공량(㎥)
포장공		인	4	2,600	4	1,800
보통인부		인	2		2	
노면파쇄기	2m	대	2		2	
로더(타이어)+소형노면파쇄기	0.95㎥	대	1		1	
로더(타이어)	0.57㎥	대	3		2	
아스팔트피니셔	3.0m	대	1		1	
머캐덤롤러	10~12t	대	1		1	
타이어롤러	8~15t	대	1		1	
탠덤롤러	5~8t	대	1		1	
아스팔트 디스트리뷰터	3,800L	대	1		1	
살수차	16,000ℓ	대	1		1	
비고	- 일당 시공량내에 회전교차로 1개소를 포함한 경우는 시공량의 17%를 감하여 적용한다.					

[주] ① 본 품은 아스팔트 포장면을 대형장비로 절삭(밀링깊이 100mm, 1회) 후 아스팔트로 동일 구간을 2회 재포장하는 기준이다.
② 본 품은 아스팔트 포장 절삭, 유제살포, 포장 및 다짐을 포함한다.
③ 현장 여건별 적용기준은 다음표를 기준한다.

구 분	적 용 기 준
A Type	- 고속도로, 자동차전용도로, 평면교차로가 없는 일반도로 등과 같이 시공구간이 연결되어 있는 경우
B Type	- 평면교차로 등으로 인해 시공구간이 단절되어 일시적인 장비의 이동이 발생하되, 이동을 위한 장비의 운반이 발생되지 않는 경우

④ 절삭시 1㎡당 팁(날)을 0.69개 계상한다.
⑤ 작업시 공사 시방에 따라 장비 조합을 변경할 수 있다.
⑥ 본 품외의 장비(아스팔트온도조절장비, 진공청소차 등)를 추가 투입하는 경우에 기계경비는 별도 계상한다.

구분	현 행	개 정(안)	비고
- 보완	**2-1-12 차선도색('08, '14, '16, '17, '20, '25년 보완)** 1. 차선 밑그림 - 본문 생략 - [주] ① 본 품은 차선도색을 위한 사전 밑그림 작업 기준이다. ② 운행도로 또는 확장공사 등의 노면표시 공사에서 차량의 부분 통제, 신호간섭 등으로 시공에 지장을 받는 경우에 적용한다.('[공통]1-4-4 지세/지형 2.도심지' 할증을 적용하지 않는다.) ③ 본 품은 먹줄치기, 밑그림 도색 작업을 포함한다. ④ 트럭은 자재, 공구 및 경장비의 현장내 운반 작업에 적용한다. ⑤ 차량우회 및 신호를 위한 인력 및 장비는 현장 여건에 따라 별도 계상한다. ⑥ 사전 청소가 필요한 경우에는 별도 계상한다. ⑦ 운행도로의 노면표시 보수공사에서 차량 전면통제 등으로 작업의 제약이 없이 시공이 가능한 구간은 '[토목] 1-8-9 차선도색'을 참고하여 적용한다.	**2-1-15 차선도색** 1. 차선 밑그림 - 본문 생략 - [주] ① 본 품은 차선도색을 위한 사전 밑그림 작업 기준이다. ② 운행도로 또는 확장공사 등의 노면표시 공사에서 차량의 부분 통제, 신호간섭 등으로 시공에 지장을 받는 경우에 적용한다.('[공통]1-4-4 지세/지형 2.도심지' 할증을 적용하지 않는다.) ③ 본 품은 먹줄치기, 밑그림 도색 작업을 포함한다. ④ 트럭은 자재, 공구 및 경장비의 현장내 운반 작업에 적용한다. ⑤ 차량우회 및 신호를 위한 인력 및 장비는 현장 여건에 따라 별도 계상한다. ⑥ 사전 청소가 필요한 경우에는 별도 계상한다. ⑦ 운행도로의 노면표시 보수공사에서 차량 전면통제 등으로 작업의 제약이 없이 시공이 가능한 구간은 '[토목] 1-8-9 차선도색'을 참고하여 적용한다. ⑧ 잡재료 및 소모재료는 주재료비의 1%로 계상한다.	

구분	현 행	개 정(안)	비고
- 보완	2-2-9 분기기교환(기계)('12, '19년 보완)	2-2-9 분기기교환(기계)	유지관리

현 행

2-2-9 분기기교환(기계)('12, '19년 보완)

(틀당)

구 분		규 격	단 위	수 량	
				3시간 차단	4시간 차단
#8 분기기	궤 도 공	-	인	21	20
	보 통 인 부	-	인	7	6
	굴착기+부착용집게	0.2㎥	hr	33	32
#10 분기기	궤 도 공	-	인	25	24
	보 통 인 부	-	인	8	8
	굴착기+부착용집게	0.2㎥	hr	39	37
#12 분기기	궤 도 공	-	인	27	26
	보 통 인 부	-	인	9	8
	굴착기+부착용집게	0.2㎥	hr	59	56
#15 분기기	궤 도 공	-	인	36	35
	보 통 인 부	-	인	12	11
	굴착기+부착용집게	0.2㎥	hr	78	76

[주] ① 본 품은 운행선 구간의 야간에 장비를 사용하여 분해된 상태의 분기기를 재조립하여 교환하는 기준이다.
② 체결구 해체, 분기기교환, 체결구체결을 포함한다.
③ 분기기의 상차 및 하화, 운반, 도상임시철거 및 복구, 자갈다지기 및 정리는 별도 계상한다.
④ ~~레일 절단에 소요되는 품은 별도 계상한다.~~
⑤ 야간작업 할증, 열차 운행에 따른 지장, 대피 할증을 추가 계상하지 않는다.
⑥ 투입장비는 작업여건에 따라 장비조합을 변경하여 적용할 수 있다.

개 정(안)

2-2-9 분기기교환(기계)

(틀당)

구 분		규 격	단 위	수 량	
				3시간 차단	4시간 차단
#8 분기기	궤 도 공	-	인	20	18
	보 통 인 부	-	인	4	3
	굴착기+부착용집게	0.2㎥	대	4	4
#10 분기기	궤 도 공	-	인	22	20
	보 통 인 부	-	인	5	4
	굴착기+부착용집게	0.2㎥	대	5	5
#12 분기기	궤 도 공	-	인	24	22
	보 통 인 부	-	인	6	5
	굴착기+부착용집게	0.2㎥	대	6	6
#15 분기기	궤 도 공	-	인	32	30
	보 통 인 부	-	인	7	6
	굴착기+부착용집게	0.2㎥	대	8	8

[주] ① 본 품은 운행선 구간의 야간에 장비를 사용하여 분해된 상태의 분기기를 재조립하여 교환하는 기준이다.
② 레일절단, 체결구 해체, 분기기교환, 레일천공 및 연결, 체결구 체결을 포함한다.
③ 분기기의 상차 및 하화, 운반, 도상임시철거 및 복구, 자갈다지기 및 정리는 별도 계상한다.
④ 야간작업 할증, 열차 운행에 따른 지장, 대피 할증을 추가 계상하지 않는다.
⑤ 장비(굴착기+부착용집게)의 규격은 작업여건(작업범위, 위치 등)에 따라 변경할 수 있다.
⑥ 공구손료 및 경장비(절단기, 레일천공기 등)의 기계경비는 인력품의 2%로 계상한다.

구분	현행	개정(안)	비고
- 신설	- 신설 -	2-2-10 분기기+침목교환	유지 관리

2-2-10 분기기+침목교환

(틀당)

구분		규격	단위	수량	
				3시간 차단	4시간 차단
#8 분기기	궤도공	-	인	26	24
	보통인부	-	인	6	5
	굴착기+부착용집게	0.2㎥	대	4	4
#10 분기기	궤도공	-	인	29	27
	보통인부	-	인	7	6
	굴착기+부착용집게	0.2㎥	대	5	5
#12 분기기	궤도공	-	인	32	29
	보통인부	-	인	8	7
	굴착기+부착용집게	0.2㎥	대	7	7
#15 분기기	궤도공	-	인	43	40
	보통인부	-	인	10	9
	굴착기+부착용집게	0.2㎥	대	9	9

[주] ① 본 품은 운행선 구간의 야간에 장비를 사용하여 분기기와 분기기침목을 교환하는 기준이다.
② 레일절단, 체결구 해체, 분기기교환, 침목교환, 레일천공 및 연결, 체결구 체결을 포함한다.
③ 분기기의 상차 및 하화, 운반, 도상임시철거 및 복구, 자갈다지기 및 정리는 별도 계상한다.
④ 분기기 부설시 소요되는 용접은 '[토목부문] 4-5 궤도용접'을 참고하여 적용한다.
⑤ 야간작업 할증, 열차 운행에 따른 지장, 대피 할증을 추가 계상하지 않는다.
⑥ 장비(굴착기+부착용집게)의 규격은 작업여건(작업범위, 위치 등)에 따라 변경할 수 있다.
⑦ 공구손료 및 경장비(절단기, 레일천공기 등)의 기계경비는 인력품의 2%로 계상한다.

구분	현 행	개 정(안)	비고
- 신설	- 항목 신설 -	**2-4-11 차집관로 고심도 집수정 준설** (일당) 구분 / 규격 / 단위 / 수량 / 시공량(㎥) 배관공(수도) / / 인 / 3 / 8 보통인부 / / 인 / 1 크레인 / - / 대 / 1 트럭 / 4.5ton / 대 / 2 수중펌프 / 150mm / 대 / 1 발전기 / 50kw / 대 / 1 [주] ① 본 품은 수중펌프를 사용하여 차집관로 고심도 집수정을 준설하는 기준이다. ② 본 품의 시공량은 하수도 내부의 준설토를 기준한 것이다. ③ 본 품은 장비셋팅, 집수정 내부 준설토 흡입, 정리 및 이동 작업을 포함한다. ④ 장비(크레인)의 규격은 작업여건(시공높이, 시공위치 등) 및 안전율(적정하중, 작업반경 등)을 고려하여 적합한 규격을 적용한다. ⑤ 소모자재(호스, 적재함 등)는 인력품의 2%로 계상한다.	

2-4-11 차집관로 고심도 집수정 준설

(일당)

구 분	규 격	단 위	수 량	시공량(㎥)
배관공(수도)		인	3	8
보 통 인 부		인	1	
크 레 인	-	대	1	
트 럭	4.5ton	대	2	
수 중 펌 프	150mm	대	1	
발 전 기	50kw	대	1	

- [유지관리] 제4장 기계설비 -

구분	현 행	개 정(안)	비고
- 적정검토	**4-1-7 일반기계설비 철거 및 이설('93년 보완)** [주] ④ **특수기기에 대하여는** 별도 계상할 수 있다.	**4-1-7 일반기계설비 철거 및 이설** [주] ④ **특수기기에 대하여는** 별도 계상한다.	

- [공통] 제8장 건설기계 / 8-5기계가격 -

구분	현 행	개 정(안)	비고
- 보완	(아래 현행 표)	(아래 개정(안) 표)	

현 행

8-5 기계가격

8-5-1 [00]토공기계

기종	분류번호	가격(₩)
불도저(무한궤도)	0101-0007	73,892
	0010	161,250
	0012	185,580
	0019	189,332
	0032	256,354
불도저(타이어)	0102-0015	154,841
	0028	286,114
	0033	362,697
유압식리퍼	0103-0016	13,479
	0019	17,033
	0023	18,880
	0027	21,988
	0032	26,705
습지불도저	0121-0004	43,260
	0013	162,028
굴삭기(무한궤도)	0201-0012	44,250
	0020	64,267
	0040	82,625
	0060	109,310
	0070	115,116
	0080	127,443
	0100	138,873
	0120	176,857
	0200	303,694
굴삭기(타이어)	0211-0018	68,088
	0060	116,118
	0080	135,400
	0100	140,633
습지굴삭기(무한궤도)	0221-0040	97,533
	0070	157,234
대형브레이커	0230-0002	4,434
	0004	8,125
	0006	13,787
	0007	16,817

개 정(안)

8-5 기계가격

8-5-1 [00]토공기계

기종	분류번호	가격(₩)
불도저(무한궤도)	0101-0007	76,547
	0010	168,668
	0012	188,714
	0019	198,150
	0032	263,682
불도저(타이어)	0102-0015	160,229
	0028	296,070
	0033	375,317
유압식리퍼	0103-0016	13,948
	0019	17,626
	0023	19,537
	0027	22,753
	0032	27,634
습지불도저	0121-0004	44,766
	0013	167,666
굴삭기(무한궤도)	0201-0012	45,070
	0020	66,538
	0040	84,000
	0060	112,342
	0070	117,766
	0080	129,586
	0100	142,069
	0120	180,927
	0200	310,684
굴삭기(타이어)	0211-0018	69,333
	0060	119,000
	0080	141,171
	0100	144,360
습지굴삭기(무한궤도)	0221-0040	100,270
	0070	161,647
대형브레이커	0230-0002	4,559
	0004	8,352
	0006	14,174
	0007	17,289

구분	현행			개정(안)			비고
	기종	분류번호	가격(₩)	기종	분류번호	가격(₩)	
- 보완	대형브레이커	0008	22,031	대형브레이커	0008	22,649	
		0010	27,909		0010	28,692	
	유압식진동콤팩터	0240-0007	11,386	유압식진동콤팩터	0240-0007	11,706	
	(굴삭기부착용)			(굴삭기부착용)			
	압쇄기	0250-0080	23,365	압쇄기	0250-0080	24,021	
	(펄버라이저)	0100	27,787	(펄버라이저)	0100	28,567	
	트랜처	0260-0355	256,808	트랜처	0260-0355	264,015	
	로더	0301-0057	46,183	로더	0301-0057	47,372	
	(무한궤도)	0076	60,384	(무한궤도)	0076	61,939	
		0095	73,993		0095	75,898	
		0115	87,673		0115	89,931	
		0134	100,059		0134	102,635	
		0153	111,856		0153	114,736	
		0172	122,686		0172	125,845	
		0287	194,272		0287	199,275	
	로더	0302-0025	29,626	로더	0302-0025	30,197	
	(타이어)	0057	34,714	(타이어)	0057	35,999	
		0095	45,060		0095	46,576	
		0134	89,443		0134	91,620	
		0172	114,868		0172	117,351	
		0229	125,961		0229	130,266	
		0287	149,385		0287	152,668	
		0350	181,315		0350	185,595	
		0500	310,000		0500	315,000	
	스크레이퍼	0406-0054	98,358	스크레이퍼	0406-0054	100,891	
	(자주식)	0115	182,974	(자주식)	0115	187,686	
		0161	242,197		0161	248,434	
		0206	306,453		0206	314,346	

구분	현행			개정(안)			비고
	기종	분류번호	가격(₩)	기종	분류번호	가격(₩)	
- 보완	스크레이퍼	0407-0054	32,684	스크레이퍼	0407-0054	33,526	
	(피견인식)	0092	42,540	(피견인식)	0092	43,636	
		0107	56,968		0107	58,435	
		0161	79,158		0161	81,197	
		0206	112,450		0206	115,346	
	모터그레이더	0502-0036	300,000	모터그레이더	0502-0036	310,687	
	(일반용)			(일반용)			
	모터그레이더	0503-0036	255,940	모터그레이더	0503-0036	264,846	
	(사리도)			(사리도)			
	덤프트럭	0602-0025	21,572	덤프트럭	0602-0025	21,982	
		0045	25,185		0045	25,662	
		0060	27,521		0060	28,043	
		0080	36,694		0080	37,391	
		0105	51,844		0105	52,810	
		0150	88,973		0150	90,653	
		0200	124,965		0200	127,336	
		0240	145,014		0240	147,825	
		0320	207,130		0320	211,060	
	덤프트럭자동덮개	0610-0150	1,604	덤프트럭자동덮개	0610-0150	1,634	
	시설	0200	1,732	시설	0200	1,765	
		0240	1,861		0240	1,896	
	8-5-2 [10]다짐기계			8-5-2 [10]다짐기계			
	기종	분류번호	가격(₩)	기종	분류번호	가격(₩)	
	머캐덤롤러	1106-0010	55,074	머캐덤롤러	1106-0010	57,150	
	(자주식)	0012	68,759	(자주식)	0012	71,351	
		0015	77,120		0015	80,027	
	탠덤롤러	1206-0008	46,748	탠덤롤러	1206-0008	48,513	
	(자주식)	0010	48,577	(자주식)	0010	50,412	
		0014	56,021		0014	58,137	
	탠덤롤러	1209-0001	10,637	탠덤롤러	1209-0001	11,005	
	(진동자주식)	0002	19,194	(진동자주식)	0002	19,858	
		0004	43,611		0004	45,119	
		0006	64,039		0006	66,255	

구분	현행			개정(안)			비고
	기종	분류번호	가격(₩)	기종	분류번호	가격(₩)	
- 보완	탠덤롤러	0007	82,347	탠덤롤러	0007	85,196	
	(진동자주식)	0008	86,708	(진동자주식)	0008	89,707	
		0013	145,695		0013	150,735	
	진동롤러	1305-0007	6,733	진동롤러	1305-0007	6,966	
	(핸드가이드식)			(핸드가이드식)			
	진동롤러	1306-0025	17,893	진동롤러	1306-0025	18,453	
	(자주식)	0044	20,937	(자주식)	0044	21,592	
		0060	61,410		0060	64,243	
		0100	92,722		0100	94,381	
		0120	100,333		0120	103,333	
	타이어롤러	1406-0008	60,826	타이어롤러	1406-0008	62,881	
	(자주식)	0015	95,173	(자주식)	0015	98,388	
		0025	135,235		0025	139,803	
	양족식롤러	1506-0011	108,125	양족식롤러	1506-0011	111,865	
	(자주식)	0012	122,178	(자주식)	0012	126,404	
		0015	140,682		0015	145,548	
		0019	202,584		0019	209,593	
		0025	255,796		0025	264,645	
		0030	306,940		0030	317,558	
		0032	328,971		0032	340,351	
		0037	384,046		0037	397,332	
	래머	1630-0080	1,370	래머	1630-0080	1,418	
	플레이트콤팩터	1730-0015	1,617	플레이트콤팩터	1730-0015	1,673	
	8-5-3 [20]운반 및 하역기계			8-5-3 [20]운반 및 하역기계			
	기종	분류번호	가격(₩)	기종	분류번호	가격(₩)	
	크레인	2101-0010	76,836	크레인	2101-0010	78,059	
	(무한궤도)	0015	126,625	(무한궤도)	0015	128,640	
		0020	161,604		0020	164,175	
		0025	186,931		0025	189,905	
		0030	242,405		0030	246,262	
		0035	319,171		0035	324,250	
		0040	321,421		0040	326,535	
		0050	435,347		0050	442,274	
		0070	494,752		0070	517,703	

구분	현행			개정(안)			비고
	기종	분류번호	가격(₩)	기종	분류번호	가격(₩)	
- 보완/신설	크레인	0080	626,828	크레인	0080	636,801	
	(무한궤도)	0100	683,362	(무한궤도)	0100	700,257	
		0150	965,718		0150	972,574	
		0220	1,243,509		0220	1,263,295	
		0280	2,308,777		0280	2,345,513	
		0300	2,836,279		0300	2,881,407	
	크레인	2104-0010	134,000	크레인	2104-0010	136,400	
	(타이어)	0015	182,749	(타이어)	0015	187,184	
		0020	229,276		0020	233,376	
		0025	282,532		0025	290,480	
		0030	324,232		0030	332,101	
		0035	336,201		0035	348,670	
		0040	387,342		0040	396,741	
		0045	426,176		0045	439,448	
		0050	511,858		0050	520,694	
		0060	563,290		0060	579,427	
		0070	663,591		0070	674,482	
		0080	825,317		0080	845,345	
		0100	982,277		0100	1,014,818	
		0130	1,323,712		0130	1,355,834	
		0160	1,771,738		0160	1,814,733	
		0200	1,854,367		0200	1,854,367	
		0220	2,291,039		0220	2,346,636	
		0250	2,672,880		0250	2,737,743	
		0300	3,686,778		0300	3,808,346	
	트럭탑재형	2105-0002	32,918	트럭탑재형	2105-0002	35,307	
	크레인	0003	36,530	크레인	0003	39,068	
		0005	39,750		0005	42,791	
		0010	86,757		0010	91,593	
		0015	112,752		0015	120,584	
		0018	119,553		0018	128,286	
	고소작업차	2106-0002	40,010	고소작업차	2106-0002	41,165	
		0003	65,322		0003	66,960	
		0005	138,119		0005	140,857	
	터널용고소작업차	2107-0005	86,111	터널용고소작업차	2107-0005	88,565	
	리더(고정형)	2115-0024	25,380	리더(고정형)	2115-0024	26,044	
		0031	32,784		0031	33,640	
		0036	38,071		0036	39,066	

구분	현행			개정(안)			비고
	기종	분류번호	가격(₩)	기종	분류번호	가격(₩)	
– 보완	리더(회전형)	2116-0031	82,461	리더(회전형)	2116-0031	84,616	
		0036	87,748		0036	90,042	
	케이싱	2117-0022	1,207	케이싱	2117-0022	1,239	
		0027	1,478		0027	1,517	
	스킵버킷	2118-0010	9,936	스킵버킷	2118-0010	10,195	
	타워크레인	2208-5008	285,829	타워크레인	2208-5008	291,417	
		5010	351,143		5010	358,000	
		5012	415,671		5012	423,560	
		5016	497,000		5016	507,000	
		5020	694,273		5020	711,700	
	건설용리프트 (인화물용)	2210-0145	24,404	건설용리프트 (인화물용)	2210-0145	25,042	
	디젤기관차	2330-0005	13,141	디젤기관차	2330-0005	13,484	
		0007	18,403		0007	18,884	
	경운기	2402-0001	2,019	경운기	2402-0001	2,072	
	지게차	2502-0020	24,458	지게차	2502-0020	24,944	
		0025	26,816		0025	26,989	
		0035	33,468		0035	33,662	
		0050	46,922		0050	47,714	
		0075	62,696		0075	63,706	
	트랙터	2602-0015	10,766	트랙터	2602-0015	11,047	
	(타이어)	0025	15,741	(타이어)	0025	16,153	
		0035	19,515		0035	20,025	
		0045	25,048		0045	25,702	
	트럭트랙터	2702-0020	65,504	트럭트랙터	2702-0020	67,216	
	및	0030	88,264	및	0030	90,571	
	평판트레일러	0040	116,448	평판트레일러	0040	119,491	
		0060	163,025		0060	167,285	

8-5-4 [30]포장기계 (현행 / 개정(안))

기종	분류번호	가격(₩)	기종	분류번호	가격(₩)
아스팔트믹싱	3108-0040	335,350	아스팔트믹싱	3108-0040	341,024
플랜트	0060	441,849	플랜트	0060	449,324
	0080	566,600		0080	576,186
	0100	684,375		0100	691,875
	0120	761,250		0120	778,667

구분	현행 기종	현행 분류번호	현행 가격(₩)	개정(안) 기종	개정(안) 분류번호	개정(안) 가격(₩)	비고
- 보완	아스팔트피니셔	3201-0001	211,750	아스팔트피니셔	3201-0001	222,833	
		0003	235,493		0003	250,388	
	아스팔트 디스트리뷰터	3302-0030	48,369	아스팔트 디스트리뷰터	3302-0030	51,079	
		0038	60,405		0038	64,113	
		0047	72,136		0047	76,303	
		0057	82,337		0057	86,938	
	아스팔트 스프레이어	3430-0300	2,223	아스팔트 스프레이어	3430-0300	2,321	
		0400	3,025		0400	3,158	
	현장가열표층재생기	3450-0642	4,433,492	현장가열표층재생기	3450-0642	4,629,182	
	스테이빌라이저 (안정기)	3530-0015	111,992	스테이빌라이저 (안정기)	3530-0015	118,464	
		0036	142,488		0036	150,724	
	콘크리트피니셔 (포장용)	3601-0102	165,150	콘크리트피니셔 (포장용)	3601-0102	172,351	
		0202	287,385		0202	298,210	
		0204	483,625		0204	506,167	
		0302	682,540		0302	710,540	
		0402	770,319		0402	807,782	
	콘크리트피니셔 (중앙분리대용)	3611-0142	247,636	콘크리트피니셔 (중앙분리대용)	3611-0142	258,567	
	콘크리트스프레더	3701-0200	362,696	콘크리트스프레더	3701-0200	380,335	
	콘크리트조면 마무리기	3801-0795	75,622	콘크리트조면 마무리기	3801-0795	78,960	
		0120	81,924		0120	85,540	
	콘크리트롤러페이버	3805-0120	82,010	콘크리트롤러페이버	3805-0120	85,630	
	슬러리실기계	3901-0300	261,302	슬러리실기계	3901-0300	272,836	

8-5-5 [40]콘크리트기계 (현행) / 8-5-5 [40]콘크리트기계 (개정(안))

현행 기종	현행 분류번호	현행 가격(₩)	개정(안) 기종	개정(안) 분류번호	개정(안) 가격(₩)
콘크리트 배치플랜트	4108-0060	198,320	콘크리트 배치플랜트	4108-0060	204,549
	0090	266,078		0090	274,436
	0120	368,002		0120	379,561
	0150	441,563		0150	448,214
	0180	445,833		0180	462,857
	0210	515,667		0210	536,800
사일로	4115-0100	31,004	사일로	4115-0100	31,978
	0150	38,405		0150	39,612
	0200	45,808		0200	47,247
	0300	53,208		0300	54,880

구분	현 행	개 정(안)	비고
- 보완			

현 행

기종	분류번호	가격(₩)
콘크리트믹서	4205-0010	1,817
	0017	3,095
	0020	3,640
	0030	4,380
	0040	5,010
	0045	5,638
콘크리트믹서트럭	4304-0060	85,083
	0061	85,729
커터	4430-0400	3,118
콘크리트펌프차	4504-0021	185,850
	0028	228,691
	0032	268,750
	0036	334,167
	0041	346,833
	0043	436,500
	0047	482,143
	0052	506,333
콘크리트펌프	4505-0015	50,309
	0026	71,637
초고압펌프	4506-0200	65,891
	0400	279,073
콘크리트진동기	4611-0075	141
	0350	261

8-5-6 [50]골재생산기계 등

기종	분류번호	가격(₩)
크러셔 (이동식)	5105-0050	237,733
	0100	330,034
	0150	371,291
	0200	404,301
벨트콘베이어	5111-0040	6,237
	0050	6,538
	0060	7,746
	0076	8,867
	0091	10,469

개 정(안)

기종	분류번호	가격(₩)
콘크리트믹서	4205-0010	1,869
	0017	3,184
	0020	3,745
	0030	4,506
	0040	5,154
	0045	5,801
콘크리트믹서트럭	4304-0060	87,812
	0061	87,919
커터	4430-0400	3,249
콘크리트펌프차	4504-0021	195,829
	0028	233,210
	0032	275,000
	0036	341,000
	0041	353,000
	0043	447,500
	0047	490,833
	0052	519,667
콘크리트펌프	4505-0015	51,595
	0026	73,468
초고압펌프	4506-0200	67,575
	0400	286,206
콘크리트진동기	4611-0075	145
	0350	267

8-5-6 [50]골재생산기계 등

기종	분류번호	가격(₩)
크러셔 (이동식)	5105-0050	245,857
	0100	341,313
	0150	383,979
	0200	418,118
벨트콘베이어	5111-0040	6,450
	0050	6,761
	0060	8,011
	0076	9,170
	0091	10,827

구분	현행 기종	현행 분류번호	현행 가격(₩)	개정(안) 기종	개정(안) 분류번호	개정(안) 가격(₩)	비고
– 보완	에이프린피더	5112-0001	31,247	에이프린피더	5112-0001	32,315	
		0002	34,019		0002	35,181	
		0003	44,041		0003	45,546	
		0004	45,687		0004	47,248	
		0005	61,296		0005	63,391	
	죠크러셔	5113-0001	28,746	죠크러셔	5113-0001	29,729	
		0002	30,850		0002	31,904	
		0003	36,232		0003	37,470	
		0004	38,837		0004	40,164	
		0005	52,120		0005	53,901	
		0006	78,814		0006	81,507	
		0007	81,635		0007	84,425	
		0008	126,582		0008	130,908	
		0009	153,061		0009	158,291	
		0010	157,384		0010	162,763	
		0011	364,229		0011	376,676	
	롤크러셔	5114-0001	22,405	롤크러셔	5114-0001	23,170	
		0002	31,459		0002	32,534	
		0003	49,670		0003	51,367	
		0004	66,602		0004	68,878	
		0005	68,732		0005	71,080	
		0006	91,353		0006	94,475	
		0007	128,063		0007	132,440	
		0008	158,253		0008	163,662	
	콘크러셔	5115-0030	58,805	콘크러셔	5115-0030	60,815	
		0055	90,208		0055	93,290	
		0075	137,977		0075	142,693	
		0095	152,907		0095	158,133	
	스크린(2단식)	5116-0001	17,889	스크린(2단식)	5116-0001	18,500	
		0002	19,570		0002	20,239	
		0003	20,764		0003	21,474	
		0004	21,089		0004	21,810	
		0005	21,522		0005	22,258	
		0006	22,575		0006	23,346	
		0007	37,185		0007	38,456	
		0008	38,483		0008	39,798	

구분	현행			개정(안)			비고
	기종	분류번호	가격(₩)	기종	분류번호	가격(₩)	
- 보완	스크린	5117-0001	22,049	스크린	5117-0001	22,802	
	(3단식)	0002	22,420	(3단식)	0002	23,186	
		0003	24,453		0003	25,289	
		0004	25,681		0004	26,558	
		0005	27,176		0005	28,105	
		0006	41,146		0006	42,552	
		0007	42,803		0007	44,266	
		0008	48,701		0008	50,365	
	아그리케이트빈	5118-0001	5,642	아그리케이트빈	5118-0001	5,834	
		0002	6,513		0002	6,736	
		0003	9,658		0003	9,988	
		0004	12,832		0004	13,271	
		0005	19,793		0005	20,469	
		0006	26,287		0006	27,185	
		0007	27,918		0007	28,872	
	골재세척설비	5119-0625	66,843	골재세척설비	5119-0625	69,127	
	파이프추진기	5202-0127	161,174	파이프추진기	5202-0127	166,682	
	(오거부착유압식)	0240	360,986	(오거부착유압식)	0240	373,323	
		0300	575,989		0300	595,673	
	파이프추진기	5203-1800	39,414	파이프추진기	5203-1800	40,761	
	(공압식)	2200	47,547	(공압식)	2200	49,172	
		2700	69,796		2700	72,181	
		3500	100,050		3500	103,469	
		4500	162,869		4500	168,435	
	유압잭	5204-0200	49,813	유압잭	5204-0200	51,515	
		0300	54,917		0300	56,794	
		0400	57,893		0400	59,872	
		0500	65,142		0500	67,368	
		0600	74,955		0600	77,517	
	공기압축기	5205-0035	13,748	공기압축기	5205-0035	14,224	
	(이동식)	0071	19,899	(이동식)	0071	20,311	
		0103	33,498		0103	34,228	
		0170	36,062		0170	37,532	
		0210	45,116		0210	46,039	
		0255	70,932		0255	73,964	

구분	현행 기종	현행 분류번호	현행 가격(₩)	개정(안) 기종	개정(안) 분류번호	개정(안) 가격(₩)	비고
- 보완	소형브레이커 (공압식)	5210-0010	1,894	소형브레이커 (공압식)	5210-0010	1,951	
		0013	1,918		0013	1,976	
		0019	2,500		0019	2,576	
		0027	3,015		0027	3,106	
	소형브레이커 (전기식)	5220-0015	1,335	소형브레이커 (전기식)	5220-0015	1,375	
	드릴웨곤	5330-0074	17,689	드릴웨곤	5330-0074	18,294	
	크로울러드릴 (공기식)	5401-0015	102,119	크로울러드릴 (공기식)	5401-0015	105,609	
		0017	50,618		0017	52,136	
	크로울러드릴 (탑승유압식)	5405-0110	157,016	크로울러드릴 (탑승유압식)	5405-0110	162,382	
		0150	211,377		0150	218,600	
	유압식할암기	5501-0080	16,762	유압식할암기	5501-0080	17,334	
	노면파쇄기	5701-0010	310,000	노면파쇄기	5701-0010	325,000	
		0020	423,166		0020	438,356	
	소형노면파쇄기	5702-0095	28,067	소형노면파쇄기	5702-0095	29,250	
	점보드릴	5805-0002	585,464	점보드릴	5805-0002	605,472	
		0003	1,114,943		0003	1,153,045	
	코아드릴	5901-0006	866	코아드릴	5901-0006	896	
		0010	1,223		0010	1,265	
		0016	2,187		0016	2,262	
	8-5-7 [60]기초공사용기계			**8-5-7 [60]기초공사용기계**			
	기종	분류번호	가격(₩)	기종	분류번호	가격(₩)	
	그라우팅믹서	6105-0190	2,827	그라우팅믹서	6105-0190	2,900	
		0390	5,883		0390	6,033	
	그라우팅펌프	6202-0060	3,984	그라우팅펌프	6202-0060	4,086	
		0125	5,801		0125	5,949	
		0200	8,377		0200	8,591	
	디젤파일해머	6330-0015	34,421	디젤파일해머	6330-0015	35,124	
		0022	44,454		0022	45,361	
		0032	66,676		0032	68,038	
		0040	83,763		0040	85,473	
	보링기계	6408-0015	7,388	보링기계	6408-0015	7,539	
		0020	8,302		0020	8,472	
		0030	8,846		0030	9,027	
		0040	14,717		0040	15,017	

구분	현행			개정(안)			비고
	기종	분류번호	가격(₩)	기종	분류번호	가격(₩)	
- 보완	보링기계	0050	18,101	보링기계	0050	18,470	
		0085	22,633		0085	23,096	
		0100	25,462		0100	25,982	
	오거	6410-0080	67,000	오거	6410-0080	68,667	
		0100	77,190		0100	78,378	
		0120	91,933		0120	93,811	
		0150	181,750		0150	184,636	
		0200	218,837		0200	224,427	
	오실레이터	6510-0100	331,898	오실레이터	6510-0100	338,676	
		0150	385,786		0150	393,664	
		0200	440,898		0200	449,902	
		0250	551,122		0250	562,377	
	로테이터	0300	738,504	로테이터	0300	753,585	
	유압파워팩	6515-0090	113,790	유압파워팩	6515-0090	116,113	
	강연선인장기	6516-0060	6,895	강연선인장기	6516-0060	7,036	
		0120	8,365		0120	8,536	
		0250	20,820		0250	21,245	
		0300	22,045		0300	22,495	
	리버스서큘레이션	6517-0100	674,635	리버스서큘레이션	6517-0100	688,412	
	드릴	0150	725,644	드릴	0150	740,463	
		0200	799,127		0200	815,447	
		0250	871,385		0250	889,181	
		0300	1,006,435		0300	1,026,988	
	전회전식천공기	6518-0100	1,201,113	전회전식천공기	6518-0100	1,225,642	
		0150	1,350,640		0150	1,378,222	
		0200	1,835,485		0200	1,872,969	
		0250	2,251,066		0250	2,297,037	
		0300	2,770,543		0300	2,827,123	
	진동파일해머	6530-0030	80,470	진동파일해머	6530-0030	82,114	
	(전동식)	0040	100,413	(전동식)	0040	102,463	
		0045	111,924		0045	114,210	
		0060	143,708		0060	146,643	
		0090	228,009		0090	232,666	
		0120	295,639		0120	301,677	
	진동파일해머	6532-0220	459,369	진동파일해머	6532-0220	468,750	
	(유압식)			(유압식)			
	워터젯트	6540-0131	210,051	워터젯트	6540-0131	216,392	
	유압식압입인발기	6550-0130	1,042,936	유압식압입인발기	6550-0130	1,074,422	

구분	현행 기종	현행 분류번호	현행 가격(₩)	개정(안) 기종	개정(안) 분류번호	개정(안) 가격(₩)	비고
– 보완/신설	유압파일해머	6630-0003	123,367	유압파일해머	6630-0003	125,886	
		0005	168,766		0005	172,212	
		0007	186,530		0007	190,340	
		0010	257,591		0010	262,851	
		0013	310,884		0013	317,233	
	PBD천공기(유압식)	6701-0147	489,886	PBD천공기(유압식)	6701-0147	499,891	
		-0184	587,864		-0184	599,869	
	고압분사전용장비	6801-0010	250,426	고압분사전용장비	6801-0010	256,827	
	파일천공전용장비	6802-0040	125,835	파일천공전용장비	6802-0040	128,405	
		0060	287,732		0060	293,608	
		0100	347,645		0100	354,745	
		0120	510,095		0120	520,513	
		0135	1,048,369		0135	1,069,779	
		0160	1,917,492		0160	1,956,651	
	다짐말뚝전용장비	6803-0100	482,046	다짐말뚝전용장비	6803-0100	491,891	
		6803-0120	684,562		6803-0120	698,542	
	자동화믹서플랜트	6901-0010	90,203	자동화믹서플랜트	6901-0010	93,037	

8-5-8 [70]기타기계 (현행 / 개정(안))

현행 기종	현행 분류번호	현행 가격(₩)	개정(안) 기종	개정(안) 분류번호	개정(안) 가격(₩)
고성능착정기	7101-0450	477,519	고성능착정기	7101-0450	488,355
하수관천공기	7103-0010	948	하수관천공기	7103-0010	970
(수동식)			(수동식)		
상수도관천공기	7104-0010	1,814	상수도관천공기	7104-0010	1,856
(수동식)			(수동식)		
골재살포기	7106-0035	59,323	골재살포기	7106-0035	60,669
진공흡입준설차	7110-0013	192,388	진공흡입준설차	7110-0013	196,754
	0025	295,961		0025	302,677
버킷식준설기	7120-0746	42,985	버킷식준설기	7120-0746	43,960
자동세륜기	7202-0008	16,454	자동세륜기	7202-0008	16,828
(롤타입)	7202-0010	21,240	(롤타입)	7202-0010	21,722
물탱크(살수차)	7204-0018	34,361	물탱크(살수차)	7204-0018	35,141
	0038	39,849		0038	40,753
	0055	46,215		0055	47,263
	0065	50,255		0065	51,396
	0160	88,637		0160	90,649
이동식 임목파쇄기	7205-0125	146,814	이동식 임목파쇄기	7205-0125	150,146
	0475	507,953		0475	519,479
	0540	533,390		0540	545,494

구분	현행			개정(안)			비고
	기종	분류번호	가격(₩)	기종	분류번호	가격(₩)	
- 보완	부착용집계	7206-0020	4,833	부착용집계	7206-0020	4,942	
		0070	7,610		0070	7,783	
					0100	9,331	
	동력분무기	7210-0485	902	동력분무기	7210-0485	922	
	라인마커	7330-0010	66,782	라인마커	7330-0010	68,298	
	차선제거기	7360-0055	12,785	차선제거기	7360-0055	13,075	
		0090	13,146		0090	13,445	
	윈치(수동)	7430-1100	1,387	윈치(수동)	7430-1100	1,419	
		1300	2,283		1300	2,335	
		1500	3,044		1500	3,113	
		2300	4,871		2300	4,981	
		2500	6,393		2500	6,538	
	윈치(자동)	7431-1100	3,777	윈치(자동)	7431-1100	3,862	
		1300	6,393		1300	6,538	
		2300	9,894		2300	10,118	
		2500	22,831		2500	23,349	
	발전기	7505-0025	14,132	발전기	7505-0025	14,452	
		0050	19,415		0050	19,856	
		0100	23,589		0100	24,124	
		0125	28,757		0125	29,410	
		0150	29,673		0150	30,347	
		0200	38,595		0200	39,471	
		0250	51,212		0250	52,374	
		0350	62,548		0350	63,968	
		0450	91,099		0450	93,167	
		0500	101,848		0500	104,159	
		0700	152,932		0700	156,403	
	용접기	7611-0200	382	용접기	7611-0200	391	
	(교류)	0300	495	(교류)	0300	506	
		0400	556		0400	568	
		0500	651		0500	666	
	용접기	7612-0200	1,472	용접기	7612-0200	1,505	
	(직류)	0300	1,677	(직류)	0300	1,715	
		0400	2,422		0400	2,477	
	용착기	7613-0075	3,546	용착기	7613-0075	3,626	
		0150	5,327		0150	5,448	
		0300	7,306		0300	7,472	
		0400	9,894		0400	10,118	
		0600	12,633		0600	12,920	
		0900	33,341		0900	34,097	

구분	현행			개정(안)			비고
	기종	분류번호	가격(₩)	기종	분류번호	가격(₩)	
- 보완	알곤용접기	7614-0300	1,914	알곤용접기	7614-0300	1,958	
	절단기	7620-0002	630	절단기	7620-0002	644	
		0003	1,966		0003	2,010	
	프라즈마절단기	7621-0100	3,393	프라즈마절단기	7621-0100	3,470	
	건설용펌프	7730-0050	253	건설용펌프	7730-0050	259	
	(자흡식)	0080	312	(자흡식)	0080	319	
		0100	359		0100	367	
		0125	862		0125	882	
		0150	1,130		0150	1,155	
	수중모터펌프	7740-0080	843	수중모터펌프	7740-0080	863	
		0100	987		0100	1,010	
		0150	1,895		0150	1,938	
	취부기	7750-0016	45,569	취부기	7750-0016	46,603	
		0025	70,354		0025	71,951	
	실사출기	7770-0004	17,900	실사출기	7770-0004	18,306	
	엔진(가솔린)	7811-0025	196	엔진(가솔린)	7811-0025	201	
		0030	215		0030	219	
		0040	283		0040	290	
		0045	381		0045	390	
		0070	499		0070	510	
		0120	1,119		0120	1,144	
	엔진(디젤)	7812-0005	302	엔진(디젤)	7812-0005	309	
		0007	351		0007	359	
		0009	444		0009	454	
		0015	1,161		0015	1,188	
		0018	2,357		0018	2,411	
		0020	3,155		0020	3,227	
		0035	3,679		0035	3,763	
		0070	4,724		0070	4,831	
		0100	5,619		0100	5,747	
		0150	7,113		0150	7,274	
		0200	13,490		0200	13,796	
	우레탄폼분사용기구	7830-0081	27,803	우레탄폼분사용기구	7830-0081	28,434	
	모터	7930-0001	164	모터	7930-0001	168	
		0002	190		0002	194	
		0003	227		0003	232	
		0005	289		0005	295	
		0007	367		0007	376	
		0010	486		0010	497	

구분	현행 기종	현행 분류번호	현행 가격(₩)	개정(안) 기종	개정(안) 분류번호	개정(안) 가격(₩)	비고
- 보완	모터	0015	593	모터	0015	607	
		0020	853		0020	872	
		0025	1,119		0025	1,144	
		0030	1,537		0030	1,571	
		0040	1,868		0040	1,910	
		0050	2,141		0050	2,189	
		0075	3,701		0075	3,785	
		0100	6,429		0100	6,575	
	모터(쉴드TBM용)	7935-0180	246,763	모터(쉴드TBM용)	7935-0180	252,362	
	레일천공기	7950-0149	3,059	레일천공기	7950-0149	3,128	
	파워렌치	7951-0066	7,341	파워렌치	7951-0066	7,507	
	침목천공기	7952-0246	975	침목천공기	7952-0246	997	
	타이템퍼	7953-3400	18,352	타이템퍼	7953-3400	18,768	
	양로기	7954-1119	32,299	양로기	7954-1119	33,032	
	모르타르펌프	7991-0050	16,537	모르타르펌프	7991-0050	16,913	
		0100	21,401		0100	21,887	
		0500	39,864		0500	40,769	
	모르타르믹서	7992-0001	5,569	모르타르믹서	7992-0001	5,696	
	양수기	7993-0020	37	양수기	7993-0020	38	
	Power Trowel	7994-0050	2,621	Power Trowel	7994-0050	2,680	
	배관파이프	7995-0050	17	배관파이프	7995-0050	17	

8-5-10 [90]해상기계

구분	현행 기종	현행 분류번호	현행 가격(₩)	개정(안) 기종	개정(안) 분류번호	개정(안) 가격(₩)	비고
	펌프준설선	9010-0003	708,361	펌프준설선	9010-0003	729,965	
		0006	1,348,092		0006	1,389,207	
		0010	2,178,394		0010	2,244,831	
		0012	2,614,074		0012	2,693,800	
		0020	4,485,475		0020	4,622,275	
		0022	5,032,677		0022	5,186,166	
		0033	7,709,255		0033	7,944,375	
		0040	9,436,656		0040	9,724,459	
		0044	10,380,319		0044	10,696,903	
		0060	14,216,427		0060	14,650,006	
		0080	19,041,093		0080	19,621,816	
		0120	28,827,109		0120	29,706,290	
		0200	50,535,329		0200	52,076,577	

구분	현행 기종	현행 분류번호	현행 가격(₩)	개정(안) 기종	개정(안) 분류번호	개정(안) 가격(₩)	비고
- 보완	그래브준설선	9020-0010	196,345	그래브준설선	9020-0010	202,333	
		0015	305,428		0015	314,743	
		0016	418,875		0016	431,650	
		0022	702,882		0022	724,319	
		0035	860,663		0035	886,911	
		0050	1,190,823		0050	1,227,141	
		0072	1,890,425		0072	1,948,080	
		0160	3,563,357		0160	3,672,033	
		0180	4,008,776		0180	4,131,037	
		0200	4,486,339		0200	4,623,165	
	예선	9030-0016	175,440	예선	9030-0016	180,790	
		0018	181,491		0018	187,027	
		0025	239,569		0025	246,875	
		0035	304,906		0035	314,205	
		0045	377,503		0045	389,017	
		0050	413,803		0050	426,423	
		0080	595,294		0080	613,450	
		0100	750,165		0100	773,044	
		0240	1,691,981		0240	1,743,584	
	양묘선	9040-0010	25,406	양묘선	9040-0010	26,181	
		0030	39,927		0030	41,145	
		0050	65,336		0050	67,328	
		0060	78,041		0060	80,421	
		0100	163,341		0100	168,323	
		0120	196,137		0120	202,119	
		0200	326,896		0200	336,865	
		0250	408,620		0250	421,083	
		0300	491,888		0300	506,890	
		0380	625,177		0380	644,244	
		0680	1,124,839		0680	1,159,145	
	기중기선(비자항)	9050-0075	167,257	기중기선(비자항)	9050-0075	172,358	
		0150	269,068		0150	277,274	
		0450	488,444		0450	503,341	
		0750	739,162		0750	761,706	
		0850	821,243		0850	846,289	

구분	현행 기종	현행 분류번호	현행 가격(₩)	개정(안) 기종	개정(안) 분류번호	개정(안) 가격(₩)	비고
- 보완	토운선	9060-0060	64,848	토운선	9060-0060	66,826	
		0100	94,096		0100	96,966	
		0200	178,656		0200	184,105	
		0300	240,329		0300	247,658	
		0500	381,403		0500	393,035	
		0600	455,766		0600	469,667	
	이우선(비자항)	9070-0015	31,155	이우선(비자항)	9070-0015	32,105	
		0020	41,059		0020	42,311	
	대선	9080-0050	32,603	대선	9080-0050	33,597	
		0080	40,614		0080	41,853	
		0100	45,956		0100	47,357	
		0120	54,731		0120	56,400	
		0150	67,470		0150	69,528	
		0200	86,814		0200	89,462	
		0300	118,899		0300	122,525	
		0500	158,060		0500	162,880	
		0700	200,995		0700	207,125	
		1000	279,317		1000	287,835	
		1100	284,877		1100	293,565	
		1400	350,938		1400	361,641	
		1500	407,652		1500	420,085	
		1750	428,009		1750	441,063	
		2000	528,437		2000	544,553	
		3000	649,222		3000	669,022	
	하천골재채취선	9090-0800	630,880	하천골재채취선	9090-0800	650,121	
		1000	844,664		1000	870,425	
		1200	892,406		1200	919,623	
		1300	967,954		1300	997,475	
		1400	1,042,412		1400	1,074,203	
		1500	1,116,869		1500	1,150,932	
		1600	1,191,327		1600	1,227,661	

2026년 적용 건설공사 표준품셈 개정사항

초판 인쇄 2026년 01월 02일
초판 발행 2026년 01월 08일

저　자 국토교통부, 한국건설기술연구원
발행인 김갑용

발행처 진한엠앤비
주소 서울시 서대문구 독립문로 14길 66 205호(냉천동 260)
전화 02) 364 - 8491(대) / 팩스 02) 319 - 3537
홈페이지주소 http://www.jinhanbook.co.kr
등록번호 제25100-2016-000019호 (등록일자 : 1993년 05월 25일)

ISBN 979-11-290-6231-4 (93540) [정가 18,000원]